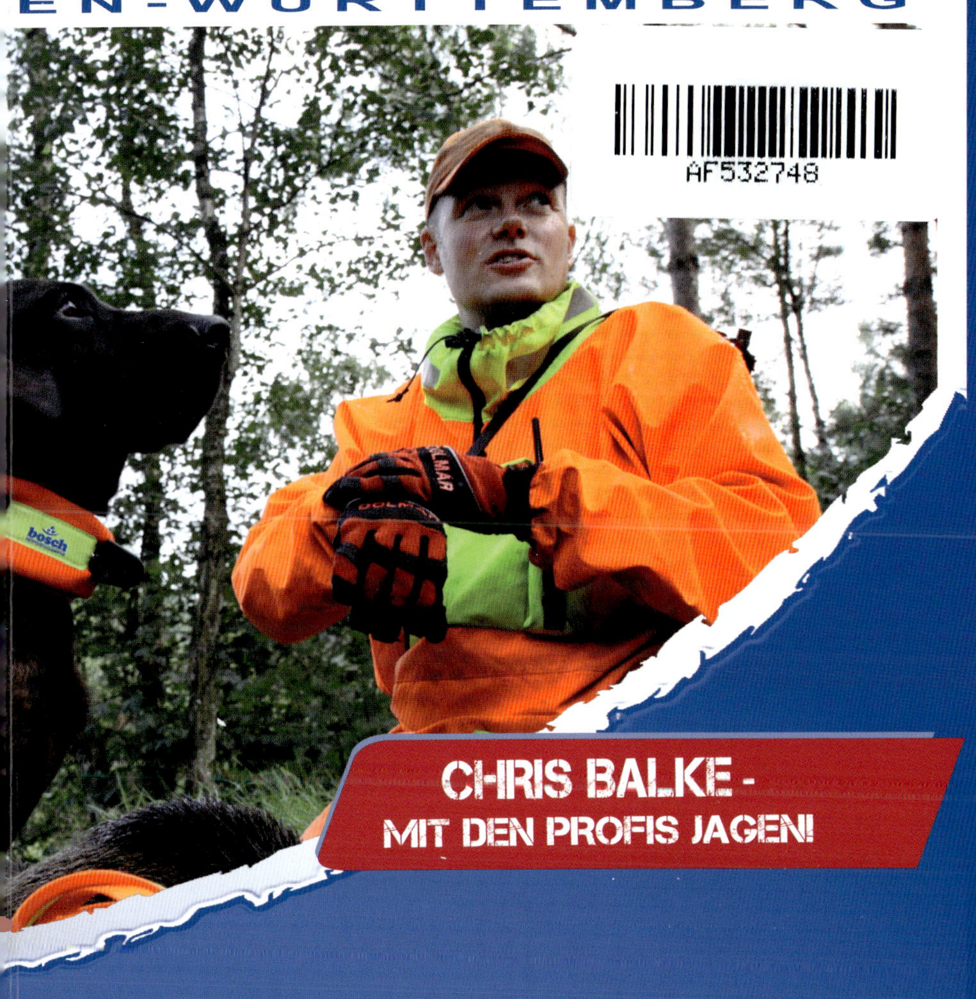

ZUCHT UND LEISTUNG

Andreas Gass

Motivieren statt schockieren!

Jagdhundeausbildung

Schwalbenweg 1, 34212 Melsungen
Tel. 05661-9262-0, Fax 05661-9262-20
www.neumann-neudamm.de, info@neumann-neudamm.de

Printed in the European Community
Satz/Layout: J. Neumann-Neudamm AG
Titelgestaltung: J. Neumann-Neudamm AG
Bildnachweis: 1 Foto von Engelbert Drechsler, 2 Fotos von Martin Rauchenwald, 10 Fotos von Christine Scheiber, alle weiteren Abbildungen von Andreas Gass und Roland Zobel.
Druck und Weiterverarbeitung: Werbedruck GmbH Horst Schreckhase, Spangenberg

ISBN 978-3-7888-1507-3

Andreas Gass

Motivieren statt schockieren!

Jagdhundeausbildung

NEUMANN-NEUDAMM

Zum Geleit

Wenn ein erfolgreicher Unternehmer seinen erlernten Beruf trotz guter Auftragslage und durchaus positiver Bilanz in vollem Umfang an den Nagel hängt, muss im Hintergrund eine hohe Motivation dafür ausschlaggebend gewesen sein.

Der Autor des vorliegenden Buches hat diesen Entwicklungsprozess im letzten Jahrzehnt konsequent durchgezogen und hat sich voll und ganz seiner Passion hingegeben. Mit der Überzeugung, dass eine praktische Jagdausübung ohne den Einsatz bzw. die Bereitstellung ausgebildeter Hunde nur Stückwerk sein kann, hat sich seine Leidenschaft zur Jagdhundeschulung immer mehr entwickelt.

Sicherlich wurde dieser Prozess von anderen ebenso passionierten Hundeleuten beeinflusst, aber es bleibt die Tatsache, dass Andreas Gass trotz vielfältiger Probleme stets an dem von ihm eingeschlagenen Weg festgehalten hat. In zahllosen, mit praktischen Übungen gefüllten Stunden haben sich für den Autor Erkenntnisse ergeben, die er immer wieder hinterfragt und in möglichst vielen Situationen getestet hat. Aus dieser intensiven Beschäftigung mit dem eigenen und natürlich auch mit zahlreichen anderen Hunden konnten Fakten abgeleitet werden, die sich bei der Ausbildung als grundlegend richtig erwiesen.

In zunehmendem Maße hat sich der Autor mit unterschiedlichen Methoden und technischen Gerätschaften auseinandergesetzt, die abermals in Abrichtekursen – sowohl im Inland als auch im Ausland – erprobt, verbessert und zur Produktionsreife weiterentwickelt wurden. So hat sich unter Anderem die von Andreas Gass konstruierte „Hasenmaschine" bei den Übungen mit Jagdhunden immer wieder bewährt.

Es wäre ein Leichtes, den Autor als Fanatiker zu bezeichnen; sein Einsatz um die Heranbildung brauchbarer Jagdhunde, aber auch seine Hilfestellung in Grenzfällen der Wesensfestigkeit von Hunden steht immer im Vordergrund. Sein Gedanke, der sich im Titel des Buches widerspiegelt, zu motivieren, anstatt zu schockieren, betrifft nicht nur den Umgang mit Hunden, sondern vielmehr auch das zielführende „Abrichten" der Hundeführer. Andreas Gass vermittelt beiden – Hund und Führer – das Gefühl, eine Einheit zu bilden, die den Anforderungen der praktischen Jagdausübung vollauf gerecht wird.

Das Buch sollte für jeden eine Pflichtlektüre sein, der seinen Hund solide und nachhaltig ausbilden und dabei auf noch immer propagierte, althergebrachte Dressurmethoden verzichten möchte.

„Motivieren statt schockieren“ von Andreas Gass gibt in verständlicher Form das wieder, was er als passionierter Hundemann bei der täglichen Arbeit mit den Hunden vorlebt!

Mit Weidmannsheil

Mf. Rainer M. Wernisch

ehemaliger
Leistungsrichter für Vorstehhunde,
Leistungsbuchführer des ÖJGV
Vorsitzender der Vorstehhundekommission des ÖJGV
Chefredakteur der Jagdzeitschrift „St. Hubertus“

Inhaltsverzeichnis

Zum Geleit 4
Einleitung 8
Welpenkauf 10
Lernverhalten 16
- Leistungen des Gehirns 16
- Sprache 17
- Reizreaktionslernen 18
- Instrumentelles Lernen 18
- Entscheidungslernen 20
- Assoziationszeit 20
- Nicht lernen 21
- Lernen durch Erfolg 22

Welpenschule 23
- Disziplin an Wild 23
- Heranrufen 26
- Schusstest 27
- Spielerisches Apportieren 27
- Wasserfreude 28
- Spurvorbereitung 29
- Am Ende der Schweiß 29

Gehorsam 32
- Ausbildungstisch 33
- Heranrufen 35
- Leinenführigkeit 38
- Bausteine 39

Clickertraining mit Impulsen 41
- Verbot 41
- Praxis 42
- Gib mir Impulse 42

Impulstechnik 45
- Teletakt 45
- Teleimpulsgeräte 45
- Was sagt Klein dazu? 45
- Was ist die Ohmzahl? 47
- Anforderungen an ein modernes Teleimpulsgerät: 47
- Schlussfolgerung 48

Wildgehorsam 49
- Tisch und Bodentraining 49
- Hasenmaschine 51

Apportieren 58
- Amerikanisches Apportieren 58
- Touches 58
- Anbinden 60
- Ein häufiges Problem 66
- Wie hat das unser Hund aufgenommen? 67
- Bodentraining 67
- Fuchsapport 68

Feld- und Spurtraining 70
- Feldtraining 70
- Spurtraining 74

Freiverloren und Schleppe 78
- Freiverloren 78
- Schleppe 81
- Absichern 86

Wassertraining............................93
Voran ins Wasser.....................93
Stöbern und Freiverloren im Schilf.......................................96
Schwimmspur..........................97

Wundfährte................................102
Woraus aber besteht so eine Wundfährte eigentlich?..........104
Und woraus besteht Schweiß oder Blut? 104
Was bewirkt die Bodenverwundung?...............105
Was nützt und was schadet diesen beiden chemischen Prozessen? 106
Wie viel Schweiß kann ein krankes Stück eigentlich verlieren?.....106
Hunde haben ein Baustein-denken 107
Ritual 109
Erlerntes Verhalten absichern 111
Wie trainieren wir das Verweisen von Pirschzeichen:.................115
Wie trainieren wir das Verweisen, wenn der Hund das Stück gefunden hat?........................116
Bringselverweisen.................117
Was tun, wenn unser Hund versagt?................................119
Wie sehen die wichtigsten Schusszeichen aus?...............120
Blattschuss 120
Lungenschuss.......................120
Herzschuss 120
Leberschuss 120
Weichschuss..........................121
Laufschuss 121
Krellschuss 121
Äser-/Gebrechschuss.............121
Haben im Handyzeitalter Bruchzeichen noch einen Sinn? 122
Die wichtigsten Bruchzeichen: 122
Anschussbruch......................122
Wartebruch 122
Warnbruch.............................122
Fährtenbruch nach links.........122
Wartebruch aufgehoben.........123
Fährtenbruch nach rechts 123
Die Generalprobe: eine ideale künstliche Wundfährte...........123
Feuertaufe: der erste Einsatz an krankem Wild 123
Die misslungene Feuertaufe...124
Kontrollsuchen.......................125
Der ideale Hund 125
Diese Trainingsgegenstände und Geräte helfen uns bei der Ausbildung:......................126

Zu guter Letzt 128

Einleitung

Bleiben Sie rechts und überholen Sie nicht!

Die Streckenlegung in einem gepflegten niederösterreichischen Revier zeigte einen weiteren Anstieg des Hasenbesatzes, als ich nach Sonnenuntergang an einem noch warmen Dezembersamstag um eine letzte Nachsuche ersucht wurde. In einem lichten Hochwald mit starkem Grasunterwuchs wurde ein Hase krankgeschossen und schleppte sich als Dreiläufer weiter. Ich wollte diesen herrlichen Jagdtag gerne mit einer letzten Hundearbeit abschließen und setzte meine braune Drahthaarhündin am Anschuss an. Die erfahrene Hündin zog immer weitere Kreise und konnte schon nach wenigen Minuten den Hasen hoch machen. Nur fünfzig Schritte entfernt war eine Fichtendickung und ich war mir sicher, der kranke Löffler wird diesen Schutz bietenden Jungwald annehmen. Zu meinem Erstaunen nahm der Dreiläufer aber nicht die Dickung an, sondern lief immer schneller werdend auf einen über dreihundert Meter entfernt liegenden Autobahnzaun zu. Ich zog sofort meine Trillerpfeife heraus und pfiff meine Hündin auf Halt. Einmal, zweimal, dreimal pfiff ich, so stark ich nur konnte, aber die Hündin ließ sich

Foto: Martin Rauchenwald

durch fast nichts mehr auf dieser Welt abhalten, die scheinbar leichte Beute einzuholen. Als der Hase den Zaun erreichte, fand er sofort ein Loch und schliefte unter den Zaun durch, knapp gefolgt von der Hündin. Um Gottes Willen, schoss es mir durch den Kopf, jetzt sind beide am letzten Einkaufssamstag vor Weihnachten auf der daher stark befahrenen Autobahn. Wahrscheinlich wird es bald eine Verkehrsdurchsage geben: *A1 bei Kilometer 144, ein Hund befindet sich auf der Fahrbahn, bleiben Sie rechts und überholen Sie nicht.* Doch viel Zeit zum Denken hatte ich nicht mehr, deshalb lief ich so schnell mich meine Beine nur trugen auf eine nahe gelegene Autobahnbrücke, um die Hündin doch noch zurückzubekommen. Mein Puls raste und ein Adrenalinausstoß verlieh mir überdurchschnittliche Kräfte. Auf der Brücke angekommen sah ich von oben, wie mein Hund trotz regen Verkehrsaufkommen gerade beide Leitplanken übersprang und von der gegenüberliegenden Fahrspur zurückkam. Mehrmaliges Pfeifen blieb wieder ungehört, erst als ich einen Schuss in die Luft abgab, dreht sich die Hündin um und ließ sich zu mir rufen, während ich wieder zu dem Loch im Zaun zurücklief.

Ja, dieses Abenteuer ging ja noch einmal gut aus. Was wäre aber gewesen, hätte mein Hund einen Unfall verursacht? Sachschäden, Verletzte oder vielleicht sogar Tote wären die Folge gewesen. Rechtliche Konsequenzen und menschliches Leid in unvorstellbarem Ausmaß hätten in wenigen Sekunden mein weiteres Leben verändert. Jährlich werden nämlich im Jagdbetrieb durch unsere Hunde zahlreiche Verkehrsunfälle verursacht.

Wie aber können wir Unfälle verhindern ohne Möglichkeiten für eine Ferneinwirkung? Welches Wissen und welche technischen Geräte sind dazu notwendig? War das generelle Verbot von sogenannten Telereizgeräten wirklich sinnvoll? Fragen über Fragen, deren Antworten Ihnen dieses Buch nicht schuldig bleiben möchte.

Moderne Erkenntnisse aus der Lernpsychologie, der Verhaltensforschung und jahrzehntelange Praxis zeigen uns einen Weg, auf dem unsere Hunde hauptsächlich durch Erfolgserlebnisse zu ihrem Ausbildungsziel kommen. Disziplin ist dazu genauso notwendig wie das Ausleben ihrer Triebe und Instinkte. Dadurch entsteht zwischen dem Augenjäger Mensch und dem Nasenjäger Hund eine Symbiose.

Ein guter Jagdhund ist das Wertvollste, was ein Jäger besitzen kann!

Welpenkauf

Die neuen Eltern

Ungefähr von der vierten bis zur achten Woche sind unsere Welpen in der sogenannten Prägephase. Eine Prägung ist ein irreversibler Lernvorgang. In dieser Zeit ist es daher besonders wichtig, dass unser Welpe, der ja noch beim Züchter lebt, viele Erfahrungen sammeln kann. Erfahrungen mit anderen Hunden, mit Wind und Wetter – vielleicht bereits in einem Revier – und vor allem mit vielen anderen Menschen. Kann nämlich der Hund in dieser Phase sein Weltbild nicht auf mehrere Menschen erweitern, so bleibt er fürderhin eher schwer erziehbar. Kaufen Sie daher keinen isoliert aufgewachsenen Welpen, womöglich noch nach der sich anschließenden Sozialisierungsphase. Diese Hunde können sich später als regelrecht harthörig erweisen.

Von der achten bis zur zwölften Woche wiederum verläuft eben die sogenannte Sozialisierungsphase. Das ist die wichtigste Zeit für den neuen Besitzer, da gewöhnlich in diesem Alter die Welpen an ihr neues Rudel abgegeben werden. Hat bisher die Mutterhündin und die Züchterfamilie den Welpen geprägt, so liegt es nun alleine an den neuen Besitzern, den

Ein neues Familienmitglied soll ausgesucht werden.

zukünftigen Jagdgefährten zu sozialisieren. In dieser Zeit werden alle jene Dinge gelernt, die ein hoch entwickeltes soziales Wesen als Familienmitglied und Rudeltier benötigt. Bisher durften die Welpen fast alles tun. Das ändert sich jetzt. Es gibt in der Natur hierzu tatsächlich ein ausgewogenes Erziehungsprogramm und dieses ist durchaus autoritär. Das dürfen wir nicht mit einer Diktatur verwechseln, die eigentlich eine Zwangsherrschaft bedeutet und Persönlichkeiten unterdrückt. Wir können nämlich beim Junghund sehen, dass Autorität nicht nur das Geheimnis des Erfolges ist, sondern dass es dem Junghund geradezu ein Bedürfnis ist, dem Vaterrüden zu folgen. Denn nur ein starker Leitwolf kann das Überleben im Winter garantieren.

Der große Tag rückt immer näher und endlich können wir unseren Welpen vom Züchter abholen. Als Vorbereitung empfiehlt sich eine mit einem Handtuch ausgelegte Wildwanne zum Heimtransport. Möglicherweise wird unser Welpe bei der Autofahrt nämlich erbrechen. Bei der Übergabe lassen wir uns sein Gebiss zeigen, denn Abweichungen vom Scherengebiss sind oft jetzt schon erkennbar. Geringfügige Abweichungen können sich mit dem späteren Zahnwechsel noch auswachsen, stärkere Abweichungen sind als Fehler anzusehen. Zuchttauglich sind solche Hunde jedenfalls nicht, was im Preis Berücksichtigung finden müsste. Gute Jagdhunde können sie aber noch allemal werden. Dann gehen wir noch den Impfpass und die Ahnentafel mit dem Züchter durch und kontrollieren auch die Tätowierungsnummer im Behang. Wenn alles in Ordnung ist und Zuchtwart sowie Tierarzt bei der Wurfabnahme gesunde Welpen bestätigt haben, können wir unser neues Familienmitglied beruhigt mitnehmen. Vielleicht haben wir ein verlängertes Wochenende oder ein paar Urlaubstage eingeplant, damit wir für die Eingewöhnung ausreichend Zeit haben. Zu Hause wartet schon ein geeigneter Platz auf unseren Welpen, auf dem er zwar Sicherheit und Überblick hat, aber auch nicht zu viel Schaden anrichten kann. Das kann zum Beispiel ein Vorzimmer mit Fliesenboden sein, wo aber alle Schuhe sicher verwahrt sind. Denn einerseits wird so manch kleines und großes Geschäft wegzuputzen sein und andererseits lieben unsere Welpen Schuhe ganz besonders als Kauobjekt. Sie zeigen dabei auch vor teuren Markenprodukten keinen Respekt.

Bedenken Sie, alles was Sie Ihrem Welpen in den ersten Tagen angewöhnen, bleibt ihm zeitlebens in Erinnerung.

Wenn Sie ihm jetzt erlauben, die Sitzgarnitur zu erobern, weil er ja so süß ist, so werden Sie dieses Verhalten später kaum mehr abstellen können. Schon gar nicht, wenn er schmutzig von einer Jagd nach Hause kommt. Falls Sie ihn jetzt vom Tisch füttern, so erziehen Sie sich unwiderruflich einen sabbernden Bettler.

Bereiten Sie sich auf die erste Nacht vor, sie kann anstrengend werden. Denn spätestens nach dem Schlafengehen wird sich unser Welpe einsam fühlen und mit einem Wolfsgeheul beginnen, hat er doch soeben Mutter und Geschwister verloren. Wir dürfen in diesem Fall aber nicht zu viel Mitleid zeigen und ihm womöglich unser Bedauern zum Ausdruck bringen, weil er sonst damit nämlich gar nicht mehr aufhört. Die Botschaft darf auf keinen Fall heißen, wenn du heulst, komme ich und streichle dich.

Denn warum soll er dann aufhören? Bemitleidet werden ist doch so schön. Wir begegnen ihm zunächst beruhigend und gehen vielleicht ein paar Schritte ins Freie, damit er nässen kann. Dann schicken wir ihn auf seinen Platz. Wahrscheinlich wird er aber bald wieder mit seinem Gesang fortfahren. Diesmal begegnen wir ihm aber schon etwas barscher und verweisen ihn wieder auf seinen Platz. Die Botschaft soll heißen: *„Wenn du unberechtigt heulst, wird der Leitwolf grantig."* Das kann sich ein paar Mal wiederholen, aber spätestens nach der zweiten Nacht hatte sich noch jeder Welpe an unseren Tagesrhythmus gewöhnt und die Sache war für immer eingespielt. Ein anderer Weg besteht darin, den Welpen gleich mit ins Schlafzimmer zu nehmen. Dort setzen wir ihn in eine Kiste, in der er ausreichend Platz hat, die aber so hoch ist, dass er nicht herausspringen kann. Wenn wir uns ruhig niederlegen, so wird er zuerst einmal versuchen herauszukommen, weil das aber nicht möglich ist, wird sich unser Welpe auch selber zur Ruhe legen. Bald schon wird ihn die Blase drücken und er wird zu winseln beginnen, weil er nämlich sein eigenes Nest nicht beschmutzen will. Die Gelegenheit packen wir im wahrsten Sinne des Wortes am Schopf und tragen den Welpen ins Freie, wo er nässen kann. Nach ein paar Nächten hat sich die Sache praktisch eingespielt und wir haben unseren Welpen dazu erzogen, zu winseln, wenn er nässen oder koten muss.

Ansonsten ignoriere ich in den ersten paar Tage noch das Nässen und Koten im Haus, weil ich zuerst das Vertrauen des Welpen gewinnen möchte. Dann aber bestätige ich es sofort negativ. Wir haben von der Mutterhündin einen Welpen übernommen, der mit negativer Bestätigung zum richtigen Zeitpunkt umgehen kann. Auf den Zeitpunkt kommt es nämlich an. Aus der Verhaltensbiologie wissen wir, dass Hunde eine Assoziationszeit von nur wenigen Sekunden haben. Wir müssen daher den Welpen auf frischer Tat ertappen. Ein Beuteln am Kragen und ein barsches Pfui im Augenblick wirken Wunder. Danach lassen wir ihn im Freien fertig machen. Ein Abstrafen Stunden später kann unser Junghund nicht mehr mit seiner Handlung verbinden und lernt seinen neuen Leitwolf nur als unberechenbares Monster kennen. Wann aber ist der richtige Zeitpunkt? Das Nässen findet beim Welpen im ¾-Stunden-Takt fast rund um die Uhr statt und wir haben ihm ja schon in der ersten Nacht beigebracht, dass wir nach dem ersten Winseln mit ihm ins Freie gehen. Sie haben also bei guter Beobachtung mehrfach täglich

Zeit, rechtzeitig einzuwirken. Dann müssen wir nur noch beobachten, wie lange nach dem letzten Fressen er seinen Stuhlgang absetzen muss. Der Zeitraum ist je nach Bewegung oder Ruhephase eine halbe oder ganze Stunde nach dem letzten Füttern. Wir warten also sehr bald darauf und können im rechten Augenblick einwirken. Beim nächsten Mal aber warten wir nicht mehr so lange, sondern gehen schon rechtzeitig vorher ins Freie mit ihm. Bei konsequenter Durchführung war bei mir noch jeder Welpe in der zweiten Woche sauber, denn er ist es von zu Hause aus seit Wochen gewohnt, das Wurflager rein zu halten.

Ein erster Kontrollbesuch beim Tierarzt unseres Vertrauens ist natürlich auch in den ersten Tagen vorgesehen.

Und mit welchen Leistungen können wir unsere Autorität beim Welpen positiv bestätigen? Nun, wir bringen ihm gleich einmal bei, auf einen bestimmten Pfiff eine volle Futterschüssel zu erwarten. Meistens hat er es bereits beim dritten Mal verstanden, dass es nach einem Doppelpfiff etwas zu fressen gibt, und kommt aus der letzten Ecke des Gartens im vollen Galopp angerannt. Beim nächsten Mal aber gibt es keine Futterschüssel mehr, sondern einen wild auf und ab springenden Tennisball, der obendrein nach Rehschweiß duftet. Das ist eine ideale Ersatzbeute. Nach kurzem Spielen stellen wir aber diese Ersatzbeute wieder sicher und verwenden sie fürderhin als Belohnung. In Zukunft ist der spezielle Doppelpfiff also ein Signal für unseren Welpen. Ein Signal ist ein vereinbartes Zeichen, ein Versprechen sozusagen, auf eine Futterschüssel oder, noch besser, eine tolle Ersatzbeute. Warum aber ist es so wichtig, dass gerade wir Menschen in der Sozialisierungsphase die Rolle des Vaterwolfes übernehmen? Dazu meint der weltweit bekannte österreichische Verhaltensforscher Eberhard Trumler:

„Ist während der Sozialisierungsphase ein Hund der ausschließliche Erzieher, so bleibt der Junghund in seinem Sozialverhalten grundsätzlich auf Hunde bezogen.“

Trumler beruft sich dabei auf Beobachtungen und Versuche, bei denen ein Vaterrüde eine wohl auf uns Menschen geprägte Tochter erzogen hat. Diese Tochter richtete niemals eine Spielaufforderung an einen Menschen. Sie blieb beim Kleinkindverhalten aus ihrer Prägephase mit Pfötchen geben und Handlecken. Warf man ihr ein Holz zum Apportieren zu, so blickte sie nur verdutzt hinterher, obwohl sie an ihrem Vater täglich sah, wie toll man mit Menschen spielen

Bereits der Welpe kann an der Reizangel vorstehen.

konnte. Lief aber ihr Vater dem Wurfholz nach, so jagte sie ihm hinterher und wollte ihm das Spielzeug entwenden. Das gruppenbindende Spiel wird also in der Sozialisierungsphase auf den Artgenossen oder eben auf uns Menschen festgelegt. Falls Sie also einen Junghund nach der Sozialisierungsphase bei einem Züchter kaufen möchten, überprüfen Sie, ob der Hund diesen notwendigen Sozialkontakt mit uns Menschen überhaupt erlernen konnte. Daraus folgend können wir auch nicht erwarten, wie es angeblich fortschrittliche Experten empfehlen, dass ein Junghund durch Tradieren (etwas Überliefertes weiterführen) die für uns Menschen notwendige Jagdausübung erlernt. Wir müssen unseren gut durchgezüchteten Jagdhunderassen nicht mehr die Jagd beibringen. Wir müssen sie nur dazu anhalten, es für uns und mit uns zu tun. Jegliches Tradieren ist dabei kontraproduktiv und zerstört die Zusammenarbeit zwischen dem Augenjäger Mensch und dem Nasenjäger Hund. Wir beginnen daher gleich mit wichtigen Vorstehübungen an der Reizangel. Nachdem sich unser Junghund an die Beute angepirscht hat, soll er ungefähr 30 Sekunden vorstehen, danach erhält er aus unserer Hand das Übungswild. Steht er aber nicht vor, sondern springt ein, so fliegt das Übungswild an der Reizangel einfach davon und er macht eben keine Beute.

Als Nächstes fördern wir spielerisches Apportieren, indem wir einen kleinen Ball vor seinen Augen wegrollen. Sofort wird unser Junghund nachlaufen und den Ball aufnehmen und stolz herumtragen. Das Herumtragen ignorieren wir anfänglich, denn bald wird er den Ball wieder fallen lassen. Dann gehen wir unauffällig vorbei und schubsen den Ball wieder weg. Unser Junghund wird wieder hinterherjagen und den Ball aufnehmen. Jetzt aber rufen wir ihn kurz und laufen ihm davon. Wenn er uns mit dem Ball nachläuft, so haben wir bereits die halbe Miete hereingebracht, nehmen ihm den Ball ab und werfen diesen sofort wieder weg. Bereits nach drei bis vier Wiederholungen wird unser Welpe bemerken, dass seine Ersatzbeute Ball jedes Mal zu neuem Leben erwacht, wenn er sie uns zuträgt. Nachlaufen und Beute abjagen hingegen spielen wir niemals mit ihm. Das wäre nämlich absolut kontraproduktiv.

Einen ersten Ausflug ins Revier sollten wir ebenfalls bereits in der Sozialisierungsphase einplanen. Dort ist die Welt voller neuer Düfte und Abenteuer. Fasanenschütten, Rehfütterungen oder nur ein kleiner Tümpel sind tolle Erlebnisse. Ebenfalls können wir Futterschleppen mit Schweiß im Revier legen und am Ende eine Futterschüssel verstecken. Selbst ein Ausflug in ein Einkaufszentrum ist hochinteressant. Ja, und dann ist da noch die Zwingerfrage. Sollen wir unseren Welpen überhaupt an einen Zwinger gewöhnen? Einerseits ist es schon praktisch, wenn der Hund ruhig im Zwinger ist, während wir an der Arbeit sind. Andererseits kann er dann keine Wachfunktion im Haus übernehmen. Schädlich ist nur ganztägige Zwingerhaltung, weil unser Hund ein soziales Lebewesen ist und unsere Nähe braucht. Wenn es ihm zur Gewohnheit wird, täglich ungefähr 8 Stunden im Zwinger zu verbringen und die übrige Zeit ausreichend Rudelkontakt besteht, so ist die Zwingerhaltung durchaus empfehlenswert.

Lebendige Welpen – fröhliche Kinder.

Nutzen Sie die Zeit der Sozialisierungsphase und unternehmen Sie mit dem neuen Familienmitglied möglichst viel!

Lernverhalten

Lernen heißt, durch Erfahrung eine stabile Verhaltensänderung herbeiführen.

Es gibt nichts Praktischeres als eine gute Theorie, hat Albert Einstein schon gesagt. Die nächsten Seiten erscheinen aufs Erste vielleicht etwas trocken, sind aber als Grundlage zum Verständnis der Hundeausbildung notwendig. Schenken Sie sich dazu ein Glas mit gutem Wein ein und lassen Sie uns beginnen:

Leistungen des Gehirns

Lernvorgänge finden im Gehirn statt. Das gesamte Nervensystem mit dem Gehirn funktioniert ähnlich wie unser Handybetreiber. Millionen und Millionen von Anschlüssen aus jedem Körperteil kommen in zwei Zentralen zusammen, dem Gehirn und dem Rückenmark. Signale von jedem Körperteil werden durch elektrische Impulse, ähnlich wie Funkkontakte, über die Nervenstränge zu einem oder zu beiden Zentralen weitergeleitet. Aus diesen Zentralen werden dann wieder durch die Nerven Warnungen, Reize

Verstehst du mich?

oder Signale an den entsprechenden Körperteil gesendet. Das Großhirn beispielsweise hat dabei sehr viele Aufgaben. Im vorderen Teil sitzt die Intelligenz, im hinteren Teil das Sehvermögen. Weiterhin sitzen noch das Gehör, der Geruchsinn, der Wille, das Gedächtnis und das Gefühl in dieser wichtigen Teilzentrale. Im Mittelhirn werden Bewegungen und Reflexe gesteuert. Im Zwischenhirn liegen das Temperament und die Regelung für den Schlaf. Das Kleinhirn wiederum ist die Schalttafel. Es koordiniert die Bereiche, die vom Großhirn ankommen, und sorgt für die entsprechende Weiterleitung. Es regelt auch die Bewegung der Muskeln und des Gleichgewichtes. Das zweite Zentrum, das ans Kleinhirn anschließende Rückenmark, regelt wiederum die Atmung und die Arbeit vieler Drüsen, ebenso steuert es auch die Blutgefäße und den Blutkreislauf.

Die Sinnesorgane übermitteln zum Beispiel dem Gehirn durch kodierte Impulse Informationen über Ort und Intensität eines Reizes. Dabei werden ankommende elektrische Signale empfangen und längs der Nervenfaser weitergeleitet. Ein überaus kompliziertes Zellennetzwerk dient dazu, schwache Signale zu verstärken oder überstarke Impulse zu dämpfen. Durch erlerntes Verhalten kann es ein Individuum steuern, welche Nerven in welchen Gehirnteilen aktiviert werden. Das heißt auch, dass wir durch die Ausbildung beeinflussen können, ob eine Einwirkung als angenehm oder unangenehm vom Hund empfunden wird.

Wir können durch unsere Ausbildung beeinflussen, ob eine Einwirkung als angenehm oder als unangenehm vom Hund empfunden wird!

Sprache

Weil unsere Hunde ja nur sehr wenige Möglichkeiten haben sich sozusagen verbal auszudrücken, wie zum Beispiel durch Bellen, Knurren und Winseln, haben sie natürlich auch nur sehr wenige Möglichkeiten durch unsere verbale Sprache Informationen aufzunehmen. Viel stärker ist bei ihnen im Gehirn die emotionale Wahrnehmung entwickelt, die im Rahmen der nonverbalen Kommunikation – der Körpersprache – von großer Bedeutung ist. Ein Hund kann mit Sicherheit die Bedeutung eines gesprochenen Wortes nicht verstehen. Er begreift aber die emotionale Botschaft einer Aussage sofort, also ob die Worte in einem ärgerlichen oder heiteren Tonfall gesprochen wurden.

Unser Hund versteht nicht den Inhalt eines gesprochenen Wortes. Er versteht nur die emotionale Aussage.

Die grundlegendsten Lernmethoden sind das Reizreaktionslernen und das instrumentelle Lernen. Fahren wir doch gleich einmal mit dem klassischen Beispiel von Pawlow fort.

Reizreaktionslernen

Das Reizreaktionslernen spielt heutzutage auch in der Werbepsychologie eine große Rolle. Erotische Abbildungen lösen angeborenerweise recht schnell ein Reizreaktionslernen aus. Assoziationen (= Verknüpfungen) werden geweckt und sollen uns zum Kauf von Parfum oder Damenwäsche animieren.

Viele von uns haben meist unbewusst schon so einen Lernprozess vollzogen. Zahlreiche gelernte Angstreaktionen sind dabei sehr löschungsresident, das heißt, sie werden im Lauf der Zeit kaum schwächer. Bei manchen löst beispielsweise das bloße Geräusch eines Zahnarztbohrers bereits ein Magenkribbeln aus, andere haben Flugangst. Zum Angstabbau aber ist eine Gegenkonditionierung notwendig. Dafür notwendige verhaltenstherapeutische Techniken werden unter anderem auch bei Alkoholikern als Aversionstherapie angewandt. Der Entdecker dieser erlernten Reflexe war der russische Physiologe Iwan Petrowitsch Pawlow. Die Beobachtung, dass bei hungrigen Tieren und Menschen bereits beim bloßen Anblick von Nahrung Speichelfluss einsetzte, wurde zum Ausgangspunkt vieler Lernversuche. Pawlow setzte in einer Versuchsreihe vor die Futtergabe ein Glockenläuten und erreichte in kürzester Zeit, dass seine Hunde bereits beim Ertönen dieser Glocke speichelten. Was aber fangen wir damit in der Jagdhundeausbildung an, ich brauche doch keinen Speichel von meinem Hund? Nein, sicher nicht, aber bereits das Vorstehen junger Hunde kann zum Reizreaktionslernen werden. Der Geruch von Fasan, Rebhuhn und Taube löst dann unweigerlich das Vorstehen aus.

Instrumentelles Lernen

Beim instrumentellen Lernen entscheiden die dem Verhalten nachfolgenden Konsequenzen über dessen zukünftiges Auftreten. Burrhus Frederic Skinner als Neobehaviorist, der nur objektiv beobachtbares Verhalten als Gegenstand der Forschung zuließ, baute dafür die sogenannte Skinner Box. Darin lehrte er Ratten durch Betätigen eines Hebels Futter zu bekommen. Das Ausführen eines erwünschten Verhaltens wurde also positiv bestätigt. Des Weiteren lehrte man den Ratten aber auch, unangenehme Stromspannungen im Boden der Box auszuschalten. Skinner unterschied daher zwischen Antwort- und Wirkverhalten. Beim Antwortverhalten antwortet eben der Organismus auf Reize, während er beim Wirkverhalten von sich aus auf die Umwelt einwirkt. Konditionierung – das heißt, einen ursprünglich neutralen Reiz mit einem reflexauslösenden Reiz zu koppeln – durch Antwortverhalten entspricht also dem vorhin schon besprochenen Reizreaktionslernen. Wirkverhalten des instrumentellen Lernens hingegen ist eine aktive Handlung. Beim instrumentellen Lernen steht nämlich das Verhalten in unmittelbarer Verbindung mit den Ereignissen und Konsequenzen, welche dem Verhalten folgen. Als Konsequenzen wendet man Belohnung und Bestrafung an. Es ist daher bewiesen und gilt als wissenschaftliches Gesetz:

Erwünschtes Verhalten tritt durch Belohnung häufiger auf und unerwünschtes Verhalten durch Bestrafung seltener!

Damit können aber unsere Tierschützer heutzutage nicht mehr leben, denn unsere neuen Tierschutzgesetze sind mit den wissenschaftlichen Gesetzen nicht kompatibel. Sie verlangen nämlich, dass wir in der Ausbildung ohne Strafen im klassischen Sinn auskommen. Was aber ist eine Strafe im klassischen Sinn eigentlich?

Warum willst du mich strafen?

Eine Strafe ist ein ahndendes Übel für eine begangene Missetat.

Ahnden – gemeint ist vergelten – versteht unser Hund überhaupt nicht. Dafür hat er im Gehirn kein Nervenzentrum installiert. Übel versteht er hingegen sehr gut. Als reiner Opportunist strebt er jederzeit nach bestmöglichen Wohlbefinden und möchte Unangenehmes vermeiden. Missetat wiederum ist moralisch wertend und für unseren Hund völlig abstrakt. War denn die begangene Tat aber überhaupt eine Missetat? Hasen und Rehe hetzen beispielsweise macht Spaß und erzeugt im höchsten Maße ein Glücksgefühl.

Entscheidungslernen

Es empfiehlt sich also, erwünschtes Verhalten angenehm zu bestätigen und unerwünschtes Verhalten unangenehm zu bestätigen, ohne Emotionen und Schuldzuweisungen. Unerwünschtes Verhalten bestätigt man noch immer am besten durch einen aversiven, also einen ablehnenden Reiz. Wir drängen dadurch den Hund in ein Meideverhalten, denn er möchte das Unangenehme lieber vermeiden. Wenn Meiden also die Motivation für eine unerwünschte Handlung verringert, so können wir das Befolgen eines Alternativvorschlages, einer erwünschten Handlung, gleich wieder angenehm bestätigen und die Motivation eben dazu verstärken. Unser Hund kann also dabei die Entscheidung zwischen unerwünschten und erwünschten Verhalten treffen. Das Wichtige beim Entscheidungslernen ist nämlich, dass unser Hund zuvor eine Lösung für sein entstandenes Problem erlernt hat. Wer das einmal verstanden hat, straft seinen Hund nicht mehr. Fachleute korrigieren ihren Hund, indem sie ein zuvor erlerntes Verhalten abrufen, ihren Hund zu einer Gegenhandlung motivieren und dieses wieder angenehm bestätigen. Im Fachjargon heißt das einfach **Motivationsumkehr**.

Wir korrigieren unseren Hund, indem wir ihn zu einer Gegenhandlung motivieren!

Assoziationszeit

Dr. Wolf Dieter Schmidt meint, Hunde lernen wie alle höheren Säugetiere durch Verknüpfungen, sogenannte Assoziationen. Das heißt, ein Reiz wird mit einer Reaktion beantwortet und in Verbindung gebracht. Tritt der Reiz regelmäßig auf, so erfolgt bald auch immer die gleiche Reaktion. Reiz und Reaktion treten also paarweise auf und werden verknüpft – assoziiert. Die Assoziationszeit, also die Zeit, die zwischen Reiz und Reaktion liegen darf, beträgt aber nur etwa 3 bis 4 Sekunden. Bedenken wir, wie kurz diese Zeitspanne ist, und zieht man davon auch noch eine Sekunde für das Erkennen durch die Hundeführer ab, so wird deutlich, wie wichtig das richtige Terminieren einer negativen Bestätigung ist.

Das noch immer übliche Kriechenlassen des Hundes, wenn er nach 5 Minuten vom Hasenhetzen zurückkommt, ist daher völlig unsinnig.

Die Zeit, in der ein Hund eine Verknüpfung mit seiner zuvor gesetzten Handlung herstellen kann, beträgt nur wenige Sekunden!

Prinzipiell sollten wir alle wichtigen Ausbildungsziele in drei Lernschritte unterteilen. Nehmen wir als einfaches Beispiel das Ausbildungsziel *„Sitz"*.

Lernschritt I

Vermitteln:

Wir vermitteln durch ein Körpersprachensignal dem Hund, was wir mit *„Sitz"* von ihm wollen. Erst wenn das funktioniert, sprechen wir unser verbales Kommando *„Sitz"* dazu.

Lernschritt II

Kopplungen:

Durch zahlreiche Wiederholungen, sogenannte Kopplungen, löst das Kommando *Sitz* automatisch die erwünschte Handlung bei unserem Hund aus. Jetzt müssen wir das Ausbildungsziel absichern.

Lernschritt III

Absichern:

Nachdem Lernschritt I und II funktionieren und unser Hund sich auf das Kommando *Sitz* automatisch setzt, führen wir ihn in Versuchung, dieses Kommando nicht mehr einzuhalten. Wir lassen zum Beispiel einen anderen Hund an ihm vorbeilaufen oder gar ein Stück Wild. Sofort wird er aufspringen und dem anderen Hund oder dem Wild folgen wollen. Da wir den Konflikt ja selbst eingeleitet haben, sind wir gut vorbereitet und können in derselben Sekunde einwirken und unseren Hund korrigieren. Wir verlangen dabei von ihm, das zuvor erlernte Verhalten *Sitz* wieder auszuführen. Ohne eine solche Absicherung durch einen provozierten Konflikt ist kein Ausbildungsziel wirklich abgeschlossen.

Erst durch die Bewältigung eines Konfliktes ist ein dauerhafter Lernerfolg zu erreichen.

Nicht lernen

Ein Lebewesen kann nicht lernen, wenn es intensiven Stress und Überlebensangst hat. Übermäßiger Hunger und Durst machen ebenfalls einen Lernprozess unmöglich. Aber auch soziale Isolation und Verunsicherung sind echte Lernblockaden. Im Klartext heißt das: kein Strafreizlernen durch Schockeinwirkung, kein Aushungern zum Totverbellen und keine Dauerhaltung im Zwinger.

Lernen durch Erfolg

Das Beste zum Schluss. Es ist nämlich angenehmer und leichter, einen Hund zu einer erwünschten Handlung zu aktivieren, als ihn ständig von einer unerwünschten Handlung abzuhalten. Gerade in der Jagdhundeausbildung haben wir dafür sehr viele Möglichkeiten. In der Praxis heißt das beispielsweise, wenn unser Hund aufgrund des Doppelpfiffes zu uns zurückkommt, wird er belohnt. Na klar, werden Sie sagen, das wissen wir doch eh schon, steht ohnehin in jedem Buch. Ja, aber nicht mit Lob, das interessiert ihn im Feld draußen überhaupt nicht. Auch nicht mit Leckerli, die sind ihm ebenfalls egal. Sondern mit einer Ersatzbeute. Es ist nämlich angenehmer und leichter, den Hund durch eine adäquate Ersatzbeute zum Zurückkommen zu motivieren, als ihn mit viel Energie vom Weglaufen abzuhalten. Außerdem speichert unser Hund Erfolgserlebnisse viel nachhaltiger ab als unangenehme Erlebnisse.

Verhaltensweisen, die durch Erfolge erlernt werden, sind im Gehirn besser verankert.

Berücksichtigen wir also diese Grundlagen des Lernverhaltens, so wird es bei unserem Hund sehr schnell *klick* machen und die Ausbildung wird für uns eine schöne und angenehme Zeit. In den folgenden Kapiteln empfehle ich daher aus meiner Erfahrung heraus einmal die eine und einmal die andere hier angeführte Lernmethode.

Wenn Sie das Lernverhalten Ihres Hundes akzeptieren, wird er Sie respektieren.

Welpenschule

Grundstein einer Teamarbeit

Heute wachsen die wenigsten Welpen in ausschließlicher Zwingerhaltung auf, sondern haben meistens Familienanschluss und ausreichenden Sozialkontakt. Das primäre Ziel ist es daher, dem Welpen jagdliche Erfolge aus unserer Hand zu bieten. Die meisten Jagdhunderassen sind längst gut durchgezüchtet und haben ausreichende Instinkte auf ihrer Festplatte abgespeichert. Wir müssen daher diesen Hunden nicht die Jagd beibringen, sondern nur, dass sie für uns und mit uns jagen. Ebenso sind Kontakte und Verträglichkeit zu anderen Junghunden recht nützlich, findet doch Jagd auch oft in Gesellschaft statt. Das beste Alter für eine Welpenschule ist daher meiner Erfahrung nach zwischen 4 und 7 Monaten.

Disziplin an Wild

Schritt I:

Dem Junghund zeigen wir erst einmal, wie schon in der Sozialisierungsphase, erlegtes Wild an der Reizangel und warten, bis er anjagt, um Beute zu machen. In der Welpenschule hängen wir unseren Hund dabei aber

Hurra, die Welpenschule fängt endlich an.

Sicheres Vorstehen verlangt Disziplin.

Missachten der Disziplin wird durch das Leinenende gestoppt.

Jetzt klappt es.

schon an die Feldleine, die ein Helfer mit Handschuhen locker in Händen hält. Springt der Hund ein, so setzt die Feldleine seinem Beutetrieb ein Ende, bevor der Junghund die Taube an der Angel erwischen kann. Gleichzeitig fliegt ihm die Beute davon. Die Übung wird so oft wiederholt, bis der Junghund vor der Beute stehen bleibt. Die Vorstehhunde dürfen dabei durchaus etwas an- und nachziehen. Junghunde mit ausreichender Passion benötigen schon einige Einheiten dazu und neigen anfangs gerne zum Einspringen. Das Einspringen ist kurz vorher leicht zu erkennen, weil der gestreckte Hunderücken auf einmal rund wird und der Hund mit der Hinterhand nachfasst, um besser abspringen zu können. Erst wenn unser Junghund sicher durchsteht, erhält er, wie schon in der Sozialisierungsphase, die Beute aus unserer Hand und darf zufassen. Das ist die elementarste Übung für unsere Junghunde. Sie eignet sich durchaus auch für Wachtelhunde, Retriever und Bracken. Nur von Terriern und Teckeln erwarte ich hierbei nicht hundertprozentige Disziplin, verlangt doch ihr Hauptaufgabengebiet andere Eigenschaften.

Die Botschaft lautet: Erst wenn du vor der Beute stehen bleibst, erhältst du sie als Erfolgserlebnis aus meiner Hand.

Schritt II:

Wenn Schritt I funktioniert, üben wir das Gleiche mit einer lebenden Taube, die auch nach Hase und Fasan duftet. Die Taube wird genauso wie die Ente bei der Schwimmspur vorübergehend mittels Papiermanschette flugunfähig gemacht. Bitte beachten Sie, dass Sie diese Übung aus Tierschutzgründen möglicherweise nicht überall durchführen dürfen. Unseren Junghund nehmen wir wieder an die Feldleine und legen mit dieser eine Schlaufe um seinen Bauch, denn er wird das erste Mal garantiert einspringen. Dann führen wir ihn an die lebende und frei herumlaufende Taube heran und lassen ihn in die Leine hineinspringen. Er darf dabei auf keinen Fall die Taube packen. Der gründlich an der Reizangel vorbereitete Hund begreift bereits nach wenigen Übungen, dass er auch die lebende Taube nicht gleich packen darf, und wird bald sicher stehen. Dann tragen wir unseren Junghund an einen sicheren Ort ab, lösen der Taube wieder die Papiermanschetten und lassen sie nach Hause fliegen.

Disziplin am lebenden Wild ist die Grundlage der Jagdhundeausbildung.

Heranrufen

Schritt I:

Wir lassen einen Tennisball vor ein paar Junghunden einige Male auf dem Boden aufspringen. Das erregt sofort die Aufmerksamkeit des noch wilden Rudels und einige Hunde werden versuchen den Ball zu erwischen. Dann werfen wir den Ball einige Meter weg und lassen die Bande hinterherlaufen. Der Schnellste wird den Ball erwischen und stolz wegtragen, während die anderen versuchen werden, ihm die Beute abzujagen. Jetzt ertönt ein schriller Doppelpfiff und ein zweiter Ball wird in die Runde geworfen. Bereits nach einigen wenigen Übungen wird der Doppelpfiff zum Signal für die Jagd nach Ersatzbeute.

Schritt II:

Jetzt trainieren wir in Einzelübungen. Der Hundeführer entfernt sich von seinem Hund auf einer Wiese ungefähr 30 bis 40 Schritt, während der Trainer den Hund, der diese Aktion beobachten kann, an der Leine festhält. Dann verschwindet der Führer hinter einer Hecke oder in einem Wald. Nach einminütiger Pause ertönt der Doppelpfiff vom Führer und der Trainer lässt den neugierigen Junghund von der Leine. Dieser wird sofort lossprinten und seinen Führer suchen. Findet er ihn, so gibt es nicht nur Wiedersehensfreude, sondern auch einen Ball als Ersatzbeute.

Die Botschaft heißt: Wenn du aufgrund des Doppelpfiffes zu mir zurückkommst, gibt es nicht nur Freude, sondern auch Ersatzbeute.

Schusstest

Beim nächsten Mal verwenden wir statt dem Ball das Dummy einer Dummypistole: Doppelpfiff, die jungen Hunde wenden mir ihre Aufmerksamkeit zu und schon können sie diesem Dummy nachjagen. Als Nächstes wird nach dem Doppelpfiff das Dummy aus der Pistole geschossen und trotz Knall jagt die wilde Meute dem Dummy hinterher. Fällt ein Hund dabei zurück oder läuft gar zu seinem Besitzer oder zu dessen Auto, so muss man sich sein Verhalten in Einzelsitzungen ansehen. Durch Umwelteinflüsse leicht angedeutete Schussempfindlichkeit kann man wegtrainieren. Aber wirklich schussempfindlichen Hunden muten wir die weitere Jagdausbildung nicht mehr zu. Für diese Hunde suchen wir besser einen Platz als Familienhund und empfehlen den neuen Besitzern, dem Hund an Silvester vom Tierarzt eine Beruhigungsspritze geben zu lassen.

Der Schussknall verspricht unserem Junghund eine tolle Ersatzbeute.

Spielerisches Apportieren

Das Apportieren festigen oder lernen wir nur einzeln. Vor den Augen des Junghundes rollen wir wieder einmal einen kleinen bunten Ball davon. Sofort wird er versuchen, die Beute einzuholen und zu packen. In diesem Augenblick gehen wir ganz einfach, wie schon in der Sozialisierungsphase, in die andere Richtung mit einem markanten Pfiff, zum Beispiel dem River-Kwai-Marsch. Unser Junghund mit dem Ball im Fang wird sich umsehen, ob diesmal kein Rivale in der Nähe ist, der ihm eventuell die Beute streitig machen könnte. Er wird aber der Versuchung, uns zu folgen, kaum widerstehen können. Sowie er in unsere Nähe kommt, nehmen wir ihm wieder den Ball ab und werfen diesen sofort wieder in die andere Richtung. Hat unser Junghund die Ersatzbeute eingeholt, drehen wir uns wieder pfeifend um und nach drei bis vier Wiederholungen weiß unser Hund, dass dieser Pfiff lustiges Apportieren verspricht. Wenn es am Schönsten ist, hören wir aber auf und verwahren den Ball. Damit bleibt das spielerische Apportieren immer ein begehrenswertes Spiel mit dem Rudelführer. Auch dadurch können wir uns als eine natürliche Autorität profilieren. Zieht man die Sache aber zu schnell durch, so lässt der Welpe den Ball fallen und folgt uns ohne diesen. Das ignorieren wir einfach und wiederholen die Übung am nächsten Tag. Diesmal lassen wir ihm aber mehr Zeit beim Aufnehmen seiner Beute und warten, bis er sie stolz herumträgt. Erst dann wenden wir uns von ihm ab und gehen eben pfeifend in die andere Richtung.

Wasserfreude

Bei der nächsten Trainingseinheit beginnt das Spiel mit dem kleinen Ball von Neuem. Nur dieses Mal fliegt der Ball in einen kleinen Teich mit seichter Uferböschung. Ich lasse dazu die Welpen in einer Reihe am Ufer sitzen und jeder Besitzer hält seinen Hund ohne Halsung und Leine am Kragen. Dann werfe ich den kleinen Ball ins Wasser und alle Hundeführer lassen ihre Hunde los. Es ist jedes Mal hochinteressant, welcher Hund als Erster das Wasser annimmt und zum Ball hinausschwimmt. Beim ersten Durch-

Wir können natürlich auch eine Ente vor dem Welpen ins Wasser schupfen.

gang bleiben manchmal ein paar Hunde zurück, die sich aber meistens bei weiteren Durchgängen mitreißen lassen.

Unser Junghund macht die Erfahrung, dass Wasser Spaß macht.

Spurvorbereitung

Zur Vorbereitung auf die Spurarbeit verwende ich in der Welpenschule gerne Kaninchen. Diese hängen wir wieder an besagte Reizangel und wackeln ein paar Mal vor unserem Junghund damit herum. Der arme Hund wird nicht gleich wissen, ob er jetzt vorstehen soll oder zupacken darf. Dann ziehen wir vor seinen Augen das Kaninchen an der Reizangel mit Nackenwind weg und verschwinden bald hinter einer Buschreihe, damit der Junghund den restlichen Schleppenverlauf nicht einsehen kann. Durch die Reizangel können wir das Kaninchen nämlich ungefähr eineinhalb bis zwei Meter neben unserer Spur ziehen und der Hund arbeitet nicht unsere Bodenverwundung aus, sondern eben die Kaninchenschleppe. Der Besitzer hält seinen Hund dabei an der Feldleine und wartet, bis wir wieder zurück sind. Dann gehen wir gemeinsam die Schleppe an der Feldleine ab. Die ersten paar Meter der Schleppe hat der Junghund noch in Erinnerung und folgt ihr sichtig. Doch spätestens bei der Buschreihe, hinter der er ja nichts mehr sehen konnte, muss er seine Nase in Gebrauch nehmen. Passionierte Junghunde haben aber damit kein Problem, nehmen sofort die Nase herunter und suchen das Kaninchen mit tiefer Nase. Am Kaninchen angekommen, beuteln wir dieses ein wenig und unser Hund darf es packen und schütteln. Das Erfolgserlebnis, die Beute nach guter Arbeit mit tiefer Nase gefunden zu haben, merkt sich der Junghund noch lange und wir haben später bei der Hasenspur und Schleppe ein leichtes Spiel. Die erste Kaninchenschleppe ziehe ich in einem Bogen. Bei der zweiten lege ich einen Haken und bei der dritten dann schon zwei Haken. Ich beginne mit etwa 20 Schritt, dann 30 Schritt und so weiter.

Das Erfolgserlebnis, ein Kaninchen nach guter Arbeit mit tiefer Nase gefunden zu haben, merkt sich unser Junghund noch lange.

Am Ende der Schweiß

Welpenschule ohne Schweiß ist wie eine Suppe ohne Salz. Das Salz aber in der Schweißfährte sind ein paar Pansenstücke. Wir spritzen etwas Schweiß auf den Waldboden und legen alle 15 bis 30 Zentimeter Pansen-

Wir spritzen Schweiß und legen immer wieder ein paar Pansenstücke in die Wundfährte.

stücke hinein. Die erste Fährte ist ein Bogen, die zweite hat einen Haken, die dritte hat zwei Haken und so weiter. Am Ende befindet sich eine Futterschüssel unter einer Wilddecke. Dann gehen wir die künstliche Wundfährte mit unserem hungrigen Junghund ab. Er wird dabei bald bemerken, wenn er dem Schweiß folgt, gibt es immer wieder Pansenstücke in der Fährte und am Ende kann er gar seinen Hunger stillen. Bereits nach wenigen solchen aufbauenden Übungen ist jeder Jüngling von der Schweißfährte begeistert.

Das Ausarbeiten der Schweißfährte verspricht nicht nur das Erlebnis, eine Wilddecke zu finden, sondern stillt auch noch den hungrigen Magen.

In 6 bis 8 Wochen kann eine gut durchdachte Welpenschule auf die wichtigsten jagdlichen Aufgaben spielerisch vorbereiten:

Disziplin

Herankommen, Schussfestigkeit

Apportieren

Wasserfreude

Spurarbeit

Schweiß

In der späteren Ausbildung können wir dann auf diese Erfahrungen zurückgreifen. Würden beispielsweise die Zuchtverantwortlichen statt Anlagenprüfungen, auf die man sich monatelang vorbereiten muss, Welpenschulen abhalten, so hätten sie weit aussagekräftigere Werte. Es ist nämlich hochinteressant, wie sich die jungen Hunde das erste Mal an lebendem Wild verhalten, auf die Dummypistole reagieren, das Wasser annehmen und Schleppe und Schweiß arbeiten.

Die Welpenschule soll einen Grundstein für die zukünftige Zusammenarbeit legen. Der Hund soll dabei erfahren, dass er tolle jagdliche Erlebnisse aus unserer Hand bekommt.

Dann zeigen wir unserem Welpen die Pansenstücke und den Schweiß.

Und schon geht es los. Unser Welpe wird dem Schweiß folgen und sich durch die Pansenstücke immer wieder selbst belohnen.

Gehorsam

Was ist Gehorsam eigentlich?

Zuerst einmal müssen wir den Begriff definieren, damit wir auch dasselbe darunter verstehen. Wikipedia, eine topmoderne Internet-Enzyklopädie, meint: *„Das Wort [Gehorsam] leitet sich (ähnlich wie Gehorchen) von Gehör, horchen, hinhören ab und kann von einer rein äußerlichen Handlung bis zu einer inneren Haltung reichen."* Gehorsam ist prinzipiell das Befolgen von Geboten und Verboten. Gehorsam kann aber auch die Unterordnung unter den Willen einer Autorität sein. Ich möchte daher die wichtigsten Gehorsamsarten für unseren Hund hier auflisten:

Kindlicher Gehorsam

Ein „Sich-Fügen" von Welpen in den Familienverband, das sich aus einem natürlichen Abhängigkeitsverhältnis ergibt.

Militärischer Gehorsam

Ein strikt erzwungenes Befolgen von Befehlen und Anordnungen. Das Nichtbefolgen zieht Sanktionen nach sich.

Kadavergehorsam

Dabei wird der Verstand geopfert und das Ich an die Autorität verschenkt.

Freiwilliger Gehorsam

Die erlernten Normen werden als gut erkannt und das Befolgen bringt Vorteile.

Sind wir bisher in der Sozialisierungsphase und in der Welpenschule mit einem kindlichen Gehorsam ausgekommen, so werden wir ab der Pubertät schon etwas mehr verlangen müssen. Unter Pubertät versteht man bekanntlich die Geschlechtsreife, welche natürlich auch psychische Veränderungen mit sich bringt. Frühreife Rassen beginnen damit schon ab dem sechsten Monat, jedenfalls kann die Pubertät bis zum ersten Lebensjahr dauern. Das Verhältnis zu unserem Junghund ist nicht mehr so innig und er erkennt an uns auf einmal ein paar Schwächen: Wir können nicht so schnell laufen, riechen fast nichts und vergessen ständig, unser Revier zu markieren. Das Ziel aber ist ein freiwilliger Gehorsam, bei dem unser Hund eines Tages erkennt, dass das Einhalten von Spielregeln auch für ihn Vorteile bringt. Doch auf dem Weg dorthin ist jetzt eben genaue Befehlseinhaltung angesagt. Dazu beginnen wir am besten auf dem Ausbildungstisch.

Ausbildungstisch

Die aus Amerika stammende Idee, Hunde auf speziellen Ausbildungs- beziehungsweise Apportiertischen zu unterrichten, ist eine der erfolgreichsten Praktiken der letzten Jahrzehnte. Die Vorteile liegen auf der Hand.

Unser Hund kann uns in die Augen schauen und wir müssen uns nicht mehr zu ihm hinunterbeugen. Die unmittelbare Nähe zwischen dem Hund und seinem Trainer schafft ein besonders inniges Verhältnis, der Hund geht auf uns besser ein. Er öffnet für uns sein Herz und seine Ohren und kann sich unserem Einfluss nicht mehr entziehen. Dazu ist aber ein sehr gutes Stimmungsverhältnis erforderlich. Der Hund muss den Tisch lieben und sich auf ihm wohlfühlen. Wir haben ja schon gelesen, dass Angst und Stress absolute Lernblockaden auslösen. Die Tischplatte darf daher nicht glatt und rutschig sein. Sehr gut eignen sich etwas raue, sogenannte Balkonteppiche als Untergrund. Der Tisch darf selbstverständlich nicht wackeln und dann brauchen wir nur noch ein Erfolgserlebnis für unseren Hund auf dem Tisch: Ich füttere

Dem Welpen wird der Ausbildungstisch vertraut gemacht, indem er dort immer wieder Leckerli findet.

schon meine Welpen auf dem Ausbildungstisch, seither lieben sie ihn einfach und das ist die richtige Basis, um vertrauensvoll unsere Anweisungen weiterzugeben.

Ja, eines Tages steht beim pubertären Junghund keine Futterschüssel mehr auf dem Tisch, sondern es liegen nur mehr ein paar Wurstscheiben herum. In wenigen Sekunden sind diese aufgesaugt und wir können schon mit unserem Trainingsprogramm beginnen. Das erste Kommando ist *Sitz*. Dazu kneifen wir ihm anfangs noch ohne Worte einfach in die Lenden. Dadurch zieht unser Hund von sich aus sein Gesäß ein und macht eben *Sitz*. Dann drücken wir mit dem Mittelfinger an die Bauchdecke, damit er wieder aufsteht. Nun verlangen wir wieder *Sitz*, um danach den Hund durch Wegziehen der Vorderläufe in die *Halt-Lage* zu bringen. Wenn das

Ein leichter Druck im Lendenbereich bewegt unseren Hund dazu sein Gesäß einzuziehen und sich zu setzen.

Durch Wegziehen der Vorderläufe und gleichzeitiges Trillern mit der Pfeife lernt unser Hund das Kommando: Triller-Halt.

im stetigen Wechsel gut klappt, es unser Hund sozusagen „verklickert" hat, können wir zusätzlich ein verbales Kommando geben:

Sitz – Steh – Sitz-Halt

Würden wir von Beginn an verbale Kommandos geben, ohne dass der Hund weiß, worum es geht, so hätten wir in kürzester Zeit nur eine Menge Missverständnisse erzeugt. Diese wieder aufzulösen fordert aber einen enormen Kraftaufwand. Daher zuerst unser Körpersprachensignal, und erst wenn unser Hund das verstanden hat, folgt unser verbales Signal in Worten.

In der Folge üben wir täglich 5 bis 10 Minuten *„Sitz – Steh – Sitz-Halt"*.

Und zwar so lange, bis es unser Hund automatisch durchführt, noch bevor wir ihn berühren oder ein Kommando dazu sagen. Später werden wir dann das Erlernte durch einen Konflikt absichern.

Das nächste Kommando aber ist besonders bedeutungsvoll:

Heranrufen

An dieser Stelle frage ich meine Hundeführer immer: *„Warum soll mein Hund zu mir kommen, wenn ich ihn rufe?“*

Die Antwort ist natürlich aus Sicht des Hundes zu geben.

Nun, den Grundstein dafür haben wir schon in der Sozialisierungsphase und in der Welpenschule recht ausführlich gelegt. Die Botschaft heißt, wenn ich das Doppelpfiffsignal oder den Ruf „Hier“ höre und zu meinem Chef komme, gibt es immer eine tolle Ersatzbeute. Das Verlangen nach der Ersatzbeute wollen wir aber jetzt noch steigern.

Schritt I:

Dazu binden wir unseren Hund mit der Leine zum Beispiel an ein massives Tischbein im Garten und schießen vor seinen Augen einen kleinen Ball so an die Wand des Gartenhauses, dass unser Hund den Ball gerade nicht erreichen kann. Wir machen ihn dadurch total verrückt nach dem Ball. Der Belohnungsball soll ja zu einer Ersatzbeute werden, an der unser Hund zukünftig unerfüllte Jagdtriebe abreagieren kann. Wie wir beim Lernverhalten schon gelesen haben, ist es leichter, unseren Hund zu einer erwünschten Handlung zu motivieren, als ihn von einer unerwünschten Handlung abzubringen. Daher lassen wir ihn auch einmal gewinnen und den hin und her springenden Ball fassen. Vielleicht im Verhältnis 1 : 4, d. h., dass er den Ball vier Mal nicht erreichen kann, bevor es ihm dann ein Mal glückt.

Schritt II:

Jetzt setzen wir den anfänglich noch an der Feldleine geführten Hund ab und rufen ihn mit dem Kommando Hier und gleichzeitigem Doppelpfiff zu uns. Zögert er dabei, so zupfen wir leicht an der Leine, bis er zu uns läuft. Das belohnen wir mit der Ersatzbeute und lassen ihn ein paar Mal in den Ball beißen. Auch beim nächsten Gassigehen üben wir weiter. Dabei läuft unser Hund frei einige Meter vor uns und wir rufen ihn mit Hier und gleichzeitigem Doppelpfiff. Er wird sich sicherlich kurz umdrehen und hersehen. In diesem Augenblick werfen wir die Ersatzbeute Ball einige Male in die Luft und gehen ein paar Schritte rückwärts. Sofort wird das den Beutetrieb

Unser Hund bleibt in Sitzposition, während wir uns ein wenig von ihm entfernen.

Dann ertönt der bekannte Doppelpfiff und wir werfen die Ersatzbeute Quietschball ein paar Mal in die Luft, damit unser Hund durchstartet und zu uns eilt.

Der Reiz der Ersatzbeute ist groß, er will den Ball unbedingt haben.

Abschließend darf unser Hund die Ersatzbeute kurz haben und ein paar Mal hineinbeißen.

des Hundes wecken und er wird angelaufen kommen, um die begehrte Ersatzbeute einzufangen. Beim ersten Mal lassen wir ihn gewinnen und den Ball fassen. Dann üben wir wieder im Verhältnis 1 : 4 weiter und transportieren diesen Lernschritt in unser Revier auf eine wildarme Wiese. Wenn wir nach unzähligen Wiederholungen ein automatisches Verhalten erreicht haben, können wir zum nächsten Schritt, dem Absichern, übergehen.

Schritt III:

Nun muss unser Hund auch in einer Konfliktsituation das erwünschte Verhalten *Herankommen* zeigen. Dazu hängen wir ihn an eine Feldleine und schicken ihn zu seiner vollen Futterschüssel. Doch auf halbem Wege ertönt der Doppelpfiff und wir rucken leicht an unserer Feldleine, damit sich unser Hund umdreht und zu uns zurückkommt. Bei uns angekommen gibt es wieder die tolle Ersatzbeute Ball, die diesmal vielleicht sogar nach Rehschweiß duftet. Als nächste Steigerung des Konfliktes ziehen wir Schleppwild an seiner Nase vorbei, das er ignorieren muss. Folgt er dem Doppelpfiff, so erhält er wieder die Ersatzbeute.

Eine weitere Steigerung setzen wir mit einer Übungstaube, die Menschen gewohnt ist und mittels Papiermanschette vorübergehend flugunfähig gemacht wurde. (Bitte beachten Sie die Tierschutzgesetze Ihres Landes!) Wir schicken unseren Hund zur Taube und auf halbem Wege muss er wieder, wie schon bei der Futterschüssel, umkehren und wird mit besagter Ersatzbeute belohnt.

Das Herankommen des Hundes, trotz Verleitung durch lebende Tiere, ist sehr wichtig. Es kann später einmal unserem Hund das Leben retten.

Leinenführigkeit

Die Leinenführigkeit verlangt von den Hundeführern und -führerinnen absolute Konsequenz. Dann aber ist es ein leichtes Spiel. Zu Beginn führen wir unseren jungen Hund an der langen Leine und er darf herumschnuppern, nässen und sich lösen. Dann rufen wir ihn zu uns, nehmen ihn an die kurze Leine und verlangen absolute Leinenführigkeit. Jedes Herumschnuppern und Markieren ist damit untersagt. Wenn der Hund zieht, rucken wir sofort an der Leine und ändern die Richtung, ohne den Hund dabei anzusehen. Aufgrund des Ruckes wird sich der Hund zu uns umdrehen und sehen, dass wir ohne Blickkontakt in eine andere Richtung gehen. Gleich wird er uns folgen wollen. Das bestätigen wir positiv mit Blickkontakt sowie dem Locken durch den geliebten Ball. Zwischenzeitlich muss die Leine immer locker durchhängen, da ja der „Rucker" sonst keine Wirkung hätte. Außerdem führt eine ständig gespannte Leine nur zum Ziehen des Hundes – Zug erzeugt Gegenzug. Wenn das unser Hund erfasst hat und nach dem Leinenruck zuerst Richtungsänderungen nach rechts, dann Wendungen um 180 Grad und dann Richtungsänderungen nach links tadellos nachvollzieht, sagen wir unser verbales Kommando *„Fuß"* dazu. Am besten bewährt haben sich

Bei Fuß: immer mit lockerer Leine.

normale Ketten, welche ich ohne Zug anwende. Lederhalsbänder sind ungeeignet. Ein konsequentes Leinenrucken braucht auch keinen Würger und schon gar keine Koralle. Nur die absolute Konsequenz führt uns zum Ziel und nicht die Steigerung von Gewalt. Der Leinenruck ist ein unangenehmer Reiz, den der Hund sehr bald zu vermeiden versucht. Danach wird er mit Blickkontakt und freundlichen Worten positiv bestätigt. In der Zwischenzeit muss, wie schon gesagt, die Leine immer locker durchhängen, damit beim geringsten Ziehen gleich wieder ein Leinenruck den Richtungswechsel anzeigen kann. Nach 10 Minuten genauester Übung lassen wir unseren Hund wieder neben uns sitzen, verlängern die Leine und zeigen unserem Hund durch einen leichten Klaps, dass er jetzt wieder frei gehen darf. Herumschnuppern ist danach wieder erlaubt.

Bausteine

Zum Abschluss dieses Kapitels führen wir die erlernten Bausteine zu einer Einheit zusammen:

Fuß – Sitz – Halt – Hier

sind nun fest verankerte und abgesicherte Begriffe, die wir jetzt auch unter Ablenkungen verlangen und trainieren. Andere, frei herumlaufende

Hunde oder Tauben in Stadt und Land sind dazu willkommene Helfer, das Erlernte trotzdem abzuverlangen. In dieser Phase wird das Befolgen von Befehlen einfach verlangt, auch wenn der Hund deren Sinn nicht erkennen kann. Interessanterweise haben auch die meisten Hunde eine Neigung dazu und fragen nicht lange warum. Bei späteren Übungen dann, beispielsweise am Taubenwerfer, wird unser Hund erkennen können, dass sein Folgen auch einen Vorteil für ihn hat. Damit können wir einen freiwilligen Gehorsam erreichen. Aber das ist eine weitere Geschichte.

Durch den Wechsel von unangenehmen Reizen und Belohnung durch Ersatzbeute erziehen wir unseren Hund zum Gehorsam. Erst durch das Bewältigen von Verleitungen kann das Erlernte dabei abgesichert werden.

Sitz: Leinenruck nach oben und gleichzeitig kurzer Lendendruck nach unten.

Halt: Leinenruck nach unten, gegebenenfalls die Vorderläufe wegziehen ...

... bis der Hund in der gewünschten Lage ist.

Clickertraining mit Impulsen

Hinweis: Beachten Sie die Tierschutzgesetze Ihres Landes!

Kennen sie Clickertraining? Der Experte Martin Pietralla meint, Clickertraining ist stressfreies Lernen. Er setzt mit dem Clicker, einem laut knackenden Metallgeräusch, ein Signal zur Aufmerksamkeit. Sein Hund hört es, hebt den Kopf und schaut, was hier eigentlich los ist. Dafür wird er auch schon mit Leckerli belohnt. Nach ein paar Wiederholungen reagiert sein Hund auf das Metallgeräusch freudig erregt und ist zu jeder Handlung bereit. Denn Clicker bedeutet immer auch Belohnung. Jetzt allerdings muss der Hund zwischen dem Clicker und der Belohnung eine Aufgabe erfüllen. Diese Aufgabe sollte zuvor schon erlernt worden sein. In der Praxis heißt das zum Beispiel:

Clicker – Sitz – Belohnung!

Nach zahlreichen Kopplungen wird dann auf diesem Fundament aufgebaut und der Clicker ist fürderhin ein Vorsignal für eine zu erwartende Aufgabenstellung. Danach gibt es, wie schon gesagt, immer Erfolg in Form einer Belohnung. Zum Beispiel „Clicker – Apport – Belohnung" oder „Clicker – Halt – Belohnung" und nicht zuletzt auch „Clicker – Hier – Belohnung".

Das Problem für uns Jäger ist dabei nur, dass unser Hund den Clicker nach etlichen Metern Entfernung nicht mehr hört. Die Entfernung können wir nur mit Funktechnik und gleichzeitig mit unserer Pfeife überbrücken. Und dann müssen wir uns fragen, was die Funktechnik auslösen soll? Einen elektrischen Impuls, einen Pager (Rüttler) oder ein akustisches Signal? Des Weiteren gäbe es derzeit noch Zitronensäure und Pressluft. Bleiben wir beim Impuls. Wir erinnern uns noch an das Kapitel Lernverhalten? Dort habe ich berichtet, dass das Nervensystem Gehirn mit Impulsen arbeitet, um Informationen weiterzuleiten. Was liegt also näher, als sich dieser natürlichen Computersprache zu bedienen? Ganz wichtig dabei ist aber, wo der erste Impulskontakt im Hundecomputer abgespeichert werden soll: unter Angenehm oder unter Unangenehm?! Selbstredend entscheiden wir uns für die Kategorie Angenehm.

Verbot

Ja, ja, ich weiß schon, das Verwenden von sogenannten Teletaktgeräten ist in Deutschland und in Österreich verboten. Woran sollen sich aber unsere Politiker orientieren, ohne eine Ausbildung in Lernpsychologie, Verhaltensbiologie und Elektromedizin zu haben? An den zahlreichen politischen Opportunisten oder an in der Öffentlichkeit weniger bekannten Experten wie Professor Wunderlich, Dozent Diplomingenieur Klein und Verhaltensbiologe Schwizgebel? Schwer zu erraten, unsere Politiker sind auch nur Menschen, sind den Weg des geringeren Widerstandes gegangen und haben sich für die *Teletakt-Gegner* entschieden. Aber sogar entschiedene Gegner, wie zum Beispiel Frau Professor Feddersen Pettersen, müssen zugeben, dass es in einem Bereich eine Berechtigung für diese Geräte gibt: Zum Abbrechen von unerwünschtem Jagdverhalten nämlich, wenn dadurch ein Verkehrsunfall vermieden werden kann. Trotzdem ist die Verwendung derzeit im Allgemeinen und zu Trainingszwecken im Besonderen verboten. Eine unvernünftige und vordergründig populistische Entscheidung der Gesetzgeber, die gegen wissenschaftliche Gesetze und Erkenntnisse verstößt. Wir benötigen nämlich legale Mittel, um innerhalb der kurzen Assoziationszeit auch über weitere Entfernungen mit unserem Hund kommunizieren zu können. Zahlreiche auf den Straßen zu Tode gekommene Jagdhunde sind sicherlich auch kein angewandter Tierschutz. Darüber hinaus gab es schon verletzte Autofahrer. Das Recht zur Verwendung von modernen Teleimpulsgeräten durch besonders geschulte Personen müsste daher ein Anliegen unserer Interessenvertreter und der Jagdpresse sein.

Praxis

Verwenden Sie daher bitte aufgrund der Rechtslage ein Teleimpulsgerät nur im EU-Ausland. Dort beginnen wir nach Schwizgebel mit einem Gerätvortraining.

Schritt 1:

Dazu stellen wir unseren Hund auf den bereits gewohnten Ausbildungstisch und geben ihm einen Kurzzeitimpuls auf unterster Stufe. Diese Hautreizung ist unserem Hund noch völlig unbekannt und er wird sich fragen, was er damit anfangen soll. In diesem Augenblick halten wir ihm ein Stück Wurst vor die Nase, das er natürlich hinunterschlucken darf. Nach einigen Wiederholungen gehen wir dann mit der Impulsstufe geringfügig höher und setzen zwischen dem Impuls und der Wurst eine kurze Verzögerung.

Gib mir Impulse

Sie werden sehen, in kürzester Zeit freut sich Ihr Hund über jeden Impuls und sagt förmlich: *„Gib mir Impul-*

Die ersten Impulse müssen unbedingt positiv verknüpft werden.

se!" Was aber ist dabei im Hundegehirn geschehen? Ein neuer, noch unbekannter Reiz wurde über die Haut durch körpereigene Impulse ins Nervenzentrum Gehirn gesendet. Kaum war er dort angekommen, kam auch schon der nächste, allerdings bekannte und sehr angenehme Reiz *„Wurst"*.

Durch diese Kombination speichert das Hundegehirn sofort beide Signale unter Angenehm ab. In Zukunft wird Ihr Hund nach einem Impuls, wie beim Clickertraining, freudig und aufmerksam sein und das ist genau die Stimmung, die wir zum Lernen brauchen.

Die ersten Impulse müssen unbedingt positiv verknüpft werden!

Nun können wir schon eine leichte Aufgabe stellen und vor der Belohnung die Ausführung eines Kommandos verlangen.

Schritt 2:

Unser Hund bekommt wieder einen Impuls und erwartet natürlich sofort die Wurst. Stattdessen kommt das zuvor erlernte Kommando „Sitz". In der Sekunde, in der er sich hinsetzt, erhält er dann die Wurst.

Impuls – Sitz – Belohnung

Schritt 3:

Wir setzen unseren Hund in einiger Entfernung ab, warten eine Minute und rufen ihn dann mit dem bereits erlernten Doppelpfiffsignal zu uns. Gleichzeitig mit dem Doppelpfiff erhält unser Hund zwei Kurzimpulse. Ihm kommt dabei wieder die Erinne-

Aufgrund der erlernten Reaktion auf den Doppelpfiff und zweier simultan gesetzter Kurzzeitimpulse kommt mein Hund freudig zu mir, um sich seine Ersatzbeute abzuholen.

rung, dass es nach den Kurzimpulsen immer auch eine Belohnung gab und dieses Versprechen lösen wir auch gleich ein, sobald er vor uns sitzt. Wenn das im Kleinen funktioniert, gehen wir in unser Revier und steigern schrittweise die Entfernung. Von 10 auf 20 Meter, dann auf 50 und 75 Meter, bis wir unseren Hund auf 300 Meter freudig zu uns rufen können. Anfänglich noch ohne Ablenkung durch Wild, ersetzen wir aber bald die Leckerlis durch die Ersatzbeute.

Der Impuls löst dabei ein zuvor erlerntes Verhalten aus.

Impulstechnik

Hinweis: Beachten Sie die Tierschutzgesetze Ihres Landes!

Kann ich das mit jedem Gerät machen? Nein, dazu ist schon etwas Kenntnis über die Gerätetechnik notwendig, denn Klinikingenieur Klein sagt dazu:

„Strom ist nicht gleich Strom.“

Teletakt

Teletakt ist eine Produktbezeichnung der Firma Schecker und war in den 1960er Jahren ein fortschrittliches Impulsfunkgerät zur Ferneinwirkung. Diese Erfindung hat die Ära der Ferneinwirkungsgeräte eingeleitet und gilt heute noch im deutschen Sprachraum als Synonym für alle derartigen Hilfsmittel. Experten wie Klein stufen es aber aufgrund seiner Impulscharakteristik und Energieabgabe als *Hochstrom-Impulsgerät* ein, denn die Einzelimpulse erreichen Spitzen von weit über einem Ampere.

Teleimpulsgeräte

Die meisten modernen Teleimpulsgeräte, wie der Überbegriff der Fachleute heutzutage lautet, hingegen sind sogenannte *Niedrigstrom-Impulsgeräte*. Bezogen auf die Reizdauer von einer Sekunde sind bei den stärkeren Geräten Energieabgaben von 300 Millijoule, bei den mittleren von rund 100 Millijoule und den schwächeren von 60 Millijoule zu erwarten. Aber nicht nur die Stromstärke alleine ist maßgeblich für den empfunden Reiz, sondern vor allem auch die Dauer/Breite der Einzelimpulse.

Die Stromstärke, Impulsbreite und Impulshäufigkeit bestimmen nämlich die Energieabgabe eines Gerätes. Diese liegt jedenfalls bei allen modernen Teleimpulsgeräten weit unter der Energieabgabe eines elektrischen Weidezaunes. Die elektrischen Impulse der modernen Niedrigstromgeräte werden etwa 50- bis 100-mal in der Sekunde abgegeben und wie ein Kribbeln empfunden. Haben Sie schon einmal den Ladezustand einer 4,5-Volt-Batterie mit der Zunge getestet? Dann kennen sie ja bereits das Gefühl, welches durch moderne Teleimpulsgeräte vermittelt wird. Sie können daher solche Geräte auch an sich selber testen.

Was sagt Klein dazu?

Diplomingenieur Dieter Klein ist im Forschungsbereich der Orthopädischen Universitätsklinik Münster im Bereich Biomedizinische Technik tätig und unterrichtet an der Schule für Physiotherapie Elektromedizin und Biomechanik. Er meint, sowohl der Stromstärkenbereich bis 80 mA (Milliampere) als auch die Impulsform

Die Unterschiede zwischen veralteten und modernen Geräten sind sehr groß.

der Niedrigstromgeräte für die Hundeausbildung sind vergleichbar mit den elektrischen Eigenschaften der in der Humanmedizin verwendeten Reizstromgeräte. Beide Gerätearten führen bei geringen Stromstärken zu einem *„Kribbeln“* und bei Überschreiten der Reizschwelle zu einer Muskelkontraktion. In der Medizin dienen solche Geräte unter anderem zur Schmerzunterdrückung und zum Muskelaufbau. Auch Sportler trainieren gerne damit und das gilt nicht einmal als Doping. Bei maximal hoher Energieabgabe über die Einwirkungsdauer einer Sekunde liegen die Werte der modernen Teleimpulsgeräte eben im Bereich von 60 bis 300 Millijoule. Hingegen wird die Energieabgabe der elektrischen Weidezäune (laut Schmuderer) mit 4000 Millijoule angegeben. Zusammenfassend meint Klein:

„Die elektrischen Eigenschaften und Wirkungen der modernen Niedrigstromgeräte (kleiner als 100 mA) sind vergleichbar mit den Elektrostimulationsgeräten in der Humanmedizin.“

„Bei fachgerechter Anwendung sind sie aufgrund ihrer maximalen Energieabgabe nicht in der Lage Verbrennungen hervorzurufen. Die Reizeinwirkung bleibt oberflächlich. Sie reicht aber aus, ein Stromgefühl hervorzurufen, das aufgrund der kurzen Einwirkzeit der elektrischen Impulse nicht als Schmerz im klinischen Sinn verstanden werden kann.“

Was ist die Ohmzahl?

Der deutsche Physiker Georg Simon Ohm hat bereits 1821 erkannt, dass die Stromstärke und Spannung auf den Widerstand des Leiters stößt. Für uns heißt das in der Praxis, die Energie, die beim Gerät herauskommt, trifft auf den Widerstand von Haut und Haaren. Erst dieses Ergebnis ergibt die tatsächliche Energieaufnahme bei unserem Hund. Die Haare am Hals des Hundes sind ein eher langsamer Leiter. Daher ist es wichtig, die Kontakte des Gerätes an die Haut des Hundes zu setzen. Werden aber Haut und Haare beispielsweise nass, so verringert sich der Widerstand zuerst einmal und unser Hund nimmt sofort mehr Energie auf. Ist unser Hund dann beispielsweise durch längere Wasserarbeit gänzlich benässt, so verteilt sich die Energieaufnahme wieder auf eine größere Fläche und der Widerstand steigt wieder an.

Anforderungen an ein modernes Teleimpulsgerät:

Sender

Der Sender muss unabhängig vom Empfänger ein- und ausschaltbar sein, um ein ungewolltes Betätigen zu verhindern.

Am Sender muss man die Impulsstärke eindeutig dosieren und auch bei Dunkelheit durch ein beleuchtetes Display ablesen können.

Der Sender muss wetterfest sein, das heißt, seine Tasten müssen auch bei Starkregen und Frost funktionieren.

Das Programm des Senders muss einen Kurzzeitimpuls, einen Dauerimpuls mit Abschaltautomatik nach einigen Sekunden und einen Pager oder Ton auslösen können.

Empfänger

Das Empfängerhalsband muss eine vergleichbare Impulsform und Stromstärke wie die Geräte für die Humanmedizin haben.

Der Empfänger muss absolut wasserfest sein.

Die Elektroden sollen einen Abstand von ca. 4 cm haben, damit der Strom nicht unter die Haut geht.

Die Elektroden dürfen keine Verletzungsgefahr durch zugespitzte Oberflächen bergen.

Das Ladegerät soll die Akkus vor Überladung schützen, denn starkes Überladen durch Vergessen schadet genauso wie die Tiefenentladung bei langem Ablegen des Gerätes.

Schlussfolgerung

Ich verwende daher gerne Geräte, die einen Kurzzeitimpuls, einen Dauerimpuls mit Abschaltautomatik und einen Pager haben.

Der Kurzzeitimpuls ersetzt mir dabei den Clicker und ich verwende ihn als Vorsignal, um den Hund zu loben, lenken und heranzurufen. Danach erhält er Leckerli oder Ersatzbeute. Den Pager belege ich im Hundegehirn mit dem Haltsignal. Den Dauerimpuls wiederum verwende ich nur, wenn das durch den Pager ausgelöste Haltsignal vom Hund ignoriert wird.

Kurzzeitimpuls: Loben, lenken und rufen.

Pager: Halt – Stopp.

Dauerimpuls: Notbremse.

Schauen wir uns im nächsten Kapitel an, wie wir den Pager und den Dauerimpuls richtig einsetzen.

Wildgehorsam

Hinweis: Beachten Sie die Tierschutzgesetze Ihres Landes!

Das Alpha und das Omega für unseren Jagdhund

Gehorsam vor allem an Hasen und Rehen ist das Allerwichtigste für unseren Jagdhund. So wie wir bisher unseren jungen Hund aufgebaut und erzogen haben, sind wir aber schon auf bestem Wege. Unser Hund hat bereits gelernt, vor der Taube stehen zu bleiben, sogar an ihr vorbeizulaufen, um sich bei uns seine Ersatzbeute abzuholen. Nun müssen wir das, was im Nahbereich und an der Feldleine funktioniert, nur noch auf Entfernung ins Revier übertragen. Wir wissen schon, wie kurz die Assoziationszeit ist, und können diese nur mit Funktechnik überbrücken. Allerdings muss unser Hund vorher lernen, mit dem Pager und mit dem Dauerimpuls umzugehen. Wir bringen ihm also bei, dass er das Impulsgerät durch seine eigenen Handlungen ausschalten kann.

Haarwildgehorsam kann überlebenswichtig sein.

Tisch und Bodentraining

Die nächsten Lernvorgänge unterteilen wir wieder in einige Schritte:

Schritt I:

Wir wiederholen das schon Bekannte *„Sitz – Steh – Sitz-Halt“* und pfeifen diesmal bei Halt mit dem Triller so lange, bis unser Hund auch Halt macht. Gegebenenfalls ziehen wir ihm noch einmal die Vorderläufe dabei weg. Das ist jetzt neu für unseren Hund, er wird aber bald begreifen, dass er das unangenehme Trillern vermeiden kann, indem er einfach wieder *Halt* macht. Es bedarf natürlich wieder zahlreicher Wiederholungen, bis dieses Verhalten für unseren Hund zur Automatik wird:

Trillerpfiff = Halt

Schritt II:

Jetzt schalten wir zum Trillerpfiff den Pager dazu, bis unser Hund auch wieder Halt macht. Wie schon erwähnt ziehen wir ihm, wenn nötig, wieder einmal die Vorderläufe dazu weg. Manche Hunde sind nämlich aufgrund der längeren Pagereinwirkung so erstaunt, dass sie zuvor Erlerntes gleich wieder vergessen. Jedes Haltmachen wird aber mit einem Stück Wurst zwischen seinen Beinen belohnt!

Welche Lernmethode haben wir hier gerade angewendet? Das war soeben *Entscheidungslernen.*

Unser Hund hat sich dafür entschieden, einen aversiven, ablehnenden Reiz durch Haltmachen zu vermeiden und dafür ein Stück Wurst zwischen seinen Beinen zu erhalten. Durch die Belohnung mit der Wurst wird seine Motivation umgelenkt und er bleibt nicht in der unglücklichen Situation des Meideverhaltens stecken, sondern führt das Kommando Halt aktiv aus.

Schritt III:

Der nächste Schritt ist ganz einfach, wir verlagern alles auf den Boden und leiten das Halt durch einen Leinenruck nach unten ein.

Schritt IV:

Jetzt müssen wir das Erlernte absichern. Hierzu gehen wir genauso vor wie beim Heranrufen. Wir schicken unseren Hund zu einer vollen Futterschüssel, anfänglich noch an der Feldleine, und stoppen ihn auf halbem Wege mit:

Triller – Pager – Halt

Sowie der Hund Halt macht, warten wir eine Sekunde ab, rufen ihn mit dem schon erlernten Doppelpfiff zu uns und belohnen ihn mit der Ersatzbeute Ball. Diese lassen wir ein paar Mal vor ihm auf dem Boden aufspringen und lassen ihn kurz einmal zupacken. Das klappt bereits nach ein paar Übungen.

Damit haben wir das Entscheidungslernen etwas erweitert, da wir ja auf Entfernung das Kommando Halt nicht in der Sekunde positiv bestätigen können. Wir rufen ihn daher noch innerhalb seiner Assoziationszeit zu uns und bestätigen das mit der Ersatzbeute Ball dann positiv.

Nach einigen Wiederholungen kommt dann ein großer Schritt, wir führen unseren Hund an die Hasenmaschine.

Hasenmaschine

Die Hasenmaschine besteht aus einem ferngesteuerten Elektromotor, der über eine Spule an einer Spezialschnur einen Hasen heranzieht. Der Hase ist natürlich längstens tot und aus der Decke geschlagen. Diese wurde naturgegerbt und in der Sonne getrocknet. Sie hat noch jede Menge natürlichen Hasenduft und wird über die Spule mal langsamer, mal ruckartig und dann auf einmal schneller über ein Feld gezogen. Für unseren Hund sieht die Sache jedenfalls echt aus und auch der Geruch ist authentisch.

Jetzt schicken wir unseren Hund mit der lose mitlaufenden Feldleine zur Suche in ein eher wildarmes Feld. Dort wartet schon der Hasenbalg an der nicht sichtbaren Spezialschnur. Sowie unser Hund dann in die Nähe kommt, löst ein versteckter Helfer mittels Funk die Bewegungen des scheinbar echten Hasen aus. Zuerst ganz langsam, dann ruckartig und dann schneller. Jeder normale Jagdhund, der diesen Hasenbalg sieht und riecht, muss einfach einspringen und zur Verfolgung ansetzen. Dazu bekommt er aus seinem Instinktpotenzial heraus einen Befehl. Er muss die scheinbar leicht zu greifende Beute versuchen zu hetzen und zu packen. Das ist seine Natur, er kann gar nicht anders. Darüber hin-

Wenn der Hund am Hasen hält, darf er von der Leine ablaufen und die Spur des nicht mehr sichtbaren Hasen ausarbeiten.

Die Hasenmaschine zieht das duftende Dummy mal langsamer, mal schneller und dann wieder ruckartig über das Feld.

aus löst das nach dem Beutegreifen auch noch eine Glückshormonausschüttung aus. Jetzt aber tritt sein menschlicher Leitwolf auf den Plan und sagt Nein:

Triller – Pager – Halt

Warum um Gottes Willen soll aber unser Hund auf diese scheinbar leichte Beute und anschließende Glückshormonausschüttung verzichten? In derselben Sekunde ergreifen wir die Feldleine und wirken mit einem entsprechenden Ruck ein.

Unser Hund denkt sich dabei:

Wie kann ich das unangenehme Rütteln, das Trillern und den Leinenruck vermeiden und trotzdem den Hasen packen?

In der nächsten Sekunde aber ertönt der Doppelpfiff, welcher beim Herankommen immer eine ganz nette Ersatzbeute versprach, den schon bekannten Ball. Gleichzeitig ziehen wir unseren Hund von der Hasenmaschine mit der Feldleine ab. Wenn wir ihn endlich in greifbarer Nähe haben, wird er mit einer neuen und ganz tollen Ersatzbeute belohnt:

einer frisch erlegten Taube, die noch warm ist.

Er darf diese packen, schütteln und danach stolz herumtragen.

Die Kernaussage dabei ist:

Je höher der Erlebniswert der Ersatzbeute ist, desto geringer ist der Energieaufwand beim Stoppen am Haarwild.

Ist das nicht einfach logisch?

Und welche Lernmethoden haben wir diesmal angewandt?

Das war wieder einmal Meideverhalten von Triller, Pager und Leinenruck mit anschließender Motivationsumkehr durch Belohnung mit Ersatzbeute.

Unser Hund kommt an das täuschend echt wirkende Hasendummy.

Aber die ruckartigen Bewegungen veranlassen ihn doch zum Einspringen.

Jetzt setzen wir das Signal Triller – Pager – Halt und unser Hund hält einen Moment inne.

Die von Andreas Gass entwickelte Hasenmaschine ist eine große Hilfe bei der Ausbildung zum Haarwildgehorsam.

Wir haben den Hund korrigiert, indem wir ein zuvor erlerntes Verhalten abriefen und dieses danach gleich wieder positiv bestätigt haben.

Strafen war gestern

Die ganze Sache bedarf natürlich noch einiger Wiederholungen an unterschiedlichen Stellen im Revier, bis wir von einem erlernten Verhalten ausgehen können. Dann arbeiten wir das alles ohne Feldleine. Wenn das klappt, wagen wir uns an lebendes Wild und lassen anfänglich die Feldleine wieder lose mitlaufen. Wir suchen diesmal ein möglichst wildreiches Feld ab und halten den Hund dabei recht kurz. Sobald ein Hase hoch wird, heißt es

Triller – Pager – Halt

und wir ergreifen blitzschnell die Feldleine, um das Kommando Halt auch wirklich durchzusetzen. Jetzt rufen wir den Hund aber nicht mehr zu uns, sondern treten an seine Seite und beruhigen ihn. Wenn der Hase dann außer Sicht ist und sich unser Hund beruhigt hat, nehmen wir den Hund an die Ablaufleine und gehen flotten Schrittes der Hasenspur nach. Die Ablaufleine ist eine ungefähr drei Meter lange Schnur, deren eines Ende mittels Karabiner an unserer Hose hängt, damit wir die Leine nicht verlieren können. Das andere Ende wird durch eine Öse oder einen Ring an der Hundehalsung gezogen und beim Ansetzen in der Hand gehalten.

Wenn sich der Hund gut an der Spur des nicht mehr sichtigen Hasen angesaugt hat, lassen wir die Ablaufleine einfach los und durch den Ring ablaufen. Der Hund kommt dadurch ohne Ruck frei und darf jetzt die Spur ausarbeiten. Diese Vorgehensweise entspricht eigentlich dem Armbruster Haltabzeichen, das in seiner leicht modifizierten Variante in Österreich

In dieser Sekunde pfeifen wir mit dem Doppelpfiff und 2 simultanen Kurzzeitimpulsen unseren Hund zu uns …

… wo er mit Ersatzbeute belohnt wird.

Exenberger Haltabzeichen genannt wird.

Der psychologisch enorme Vorteil dabei ist, dass wir den Triebstau, den wir durch das Kommando Halt aufbauen, bereits wenige Minuten später durch das Ausarbeiten der Spur wieder lösen. Wenn Sie das konsequent üben können, wird Ihr Hund bald ohne Feldleine, nur aufgrund des Pagers, hinter fast jedem Hasen Halt machen. Er weiß ja, dass er gleich danach die Spur aufnehmen und seine Triebe ausleben darf. Allerdings empfehle ich dabei ein jagdnahes Führen unter der Flinte.

Wir trainieren das Haltabzeichen

Unser Hund wird aber von Spur zu Spur lustiger werden und immer mehr dazu neigen den Triller und Pager zu ignorieren. Wenn dann auch noch eine Hasenspur in die Richtung einer Straße verläuft, so müssen wir auf diesen Augenblick vorbereitet sein. Jetzt setzen wir zum ersten Mal den Dauerimpuls in zeitgleicher Kombination mit nochmaligem Trillerpfiff ein. Wenn Sie beispielsweise bei einem französischen Gerät von 15 Stufen bisher Stufe 2–3 verwendet haben, dann springen Sie jetzt gleich einmal auf Stufe 12 (das lässt sich mit einer eigenen Taste einstellen) und bleiben Sie so lange darauf, bis ihr Hund kurz innehält. In diesem Augenblick ertönt wieder der Doppelpfiff, simultan mit 2 Kurzzeitimpulsen auf Stufe 2–3, und verspricht unserem Hund eine adäquate Ersatzbeute für das Zurückkommen.

Was aber geht dabei im Hundegehirn vor?

Zuerst einmal hat sich unser Hund gedacht, jetzt pfeife ich auf deinen Pager und hole mir lieber den Hasen, bevor er an Vorsprung gewinnt. Dann hat der Dauerimpuls auf höherer Stufe eingewirkt und nicht nachgelassen. Das war für ihn neu und vor Erstaunen hielt er kurz inne. In dieser Sekunde hörte er den Doppelpfiff mit 2 Kurzzeitimpulsen und er konnte sein soeben entstandenes Problem durch ein zuvor erlerntes Verhalten wieder lösen.

Machen Sie ja nicht den Fehler, dass Sie stufenweise hinaufarbeiten. Von 3 auf 5, dann auf 7 und so weiter. Damit trainieren Sie ihren Hund nur, immer mehr Energie aufzunehmen. Ihr Hund hat nämlich beim Hasenhetzen eine erheblich geringere Empfindsamkeit und die gilt es sofort, noch innerhalb der Assoziationszeit, zu überspringen.

Beim Einsatz des Dauerimpulses überspringen wir gleich mehrere Impulsstufen!

Erst der haarwildreine Hund ist jagdlich verwendbar.

Das Verlangen einer absoluten Downlage hinter dem flüchtenden Hasen ist nach modernen Erkenntnissen der Verhaltensbiologie unsinnig. Unser Hund möchte sich nämlich nicht gerne dort hinlegen, wo wir soeben unangenehm auf ihn einwirken mussten. Ein flottes Zurückkommen mit Belohnung hingegen erhält den Bewegungsfluss und die Arbeitsfreude unseres Jagdgefährten.

Wir verlangen keine Downlage, sondern belohnen ein flottes Zurückkommen.

Ein Gesetzgeber, welcher die Verwendung von Teleimpulsgeräten zur Verhinderung von Unfällen zwar erlaubt, die Ausbildung dazu aber nicht mehr zulässt, handelt unreif und tierquälerisch. Den Hund unvorbereitet in die Stromfalle laufen zu lassen, bedeutet Strafreizlernen durch Elektroschock und berücksichtigt nicht das Lernverhalten unserer Caniden.

Meine Hunde hingegen haben vorher gelernt das Impulsgerät durch ihre Handlung wieder auszuschalten. Jedenfalls ist Wildgehorsam der wichtigste Baustein in der Jagdhundeausbildung. Alle anderen empfohlen Praktiken sind bisher bei wiederholtem Wildvorkommen und auf Entfernung gescheitert. Na ja, wir wissen schon, die kurze Assoziationszeit.

Wildgehorsam kann Leben retten.

Apportieren

Ist Zwangsapport heute noch zeitgemäß?

Als mein Freund Patrik seinen spielerisch eingearbeiteten Hund auf die Spur eines angebleiten Hasen ansetzte, konnte dieser bereits nach hundert Metern den kranken Hasen stechen. Nach lauthalser Verfolgung packte der rehbraune Vorsteher den Hasen und trug ihn anstandslos zurück. Patrik, der noch Jungjäger war, wuchs mit jedem Meter, den sein Hund mit dieser ersten Beute näher kam. Sein Ansehen unter den bodenständigen Weidkameraden wäre eigentlich in diesem Augenblick enorm gestiegen, wäre da nicht plötzlich ein geflügelter Fasan hoch geworden. Dieser ergriff als Infanterist das Weite und Patriks Hund ließ gleich wieder den kranken Hasen fallen und verfolgte sofort den Fasan. Daraufhin ergriff der fallen gelassene und kranke Hase ebenfalls die Flucht und verschwand in einer anliegenden Brache auf Nimmerwiedersehen. Nach fünf Minuten kam Patriks Hund wieder zurück, allerdings ohne einen Fasan und auch ohne einen Hasen.

Wir können die Entscheidung, ob krankes Wild sicher apportiert wird oder unter Schmerzen verludern muss, nicht dem Spieltrieb unseres Hundes überlassen!

Gibt es überhaupt ein zwangloses Leben oder ist nicht schon das Anlegen einer Leine der erste Zwang für unseren Hund? Apportieren ist eine längere Handlungskette und wir fangen am Ende der Kette an: das Greifen von Apporteln, Dummys und Beute.

Amerikanisches Apportieren

Aus Amerika haben wir über Uwe Heiß die Tischmethode kennengelernt. Zuerst einmal gilt es, den Ausbildungstisch als angenehm und vertrauenswürdig zu vermitteln. Dabei habe ich mit der Methode der Tellington Touches beste Erfolge erzielt. Was aber bitte bedeuten diese „Touches“?

Tellington Touches, vor allem die Zahnfleischmassage, schaffen Vertrauen und eine gute Basis für das Apportiertraining.

Touches

Linda Tellington-Jones ist eine amerikanische Ärztin, welche eine nonverbale Sprache entwickelt hat, um die Funktion und Lebenskraft der Zellen zu aktivieren und unbenutzte Nervenbahnen zu wecken. Mit angenehmen Berührungen – Touches – werden dabei spezielle Nervenstränge angeregt, das Körpergefühl gesteigert und ein inniges Vertrauen geweckt. Dabei werden Hormone ausgeschüttet, die Stress verringern, und damit ein ideales Lernklima für den Hund erzeugt.

Ich habe bei unsicheren Hunden dabei oft Erfolg mit dem „Tarantel Touch“. Dazu lege ich meine Hände neben die Wirbelsäule und drücke die Daumen gegen die Haarrichtung. Stufenweises Hinaufarbeiten von hinten nach vorne löst innere Spannungen bei unserem Hund.

Der nächste Schritt ist der „Ohren Touch“. Dabei halte ich mit der einen Hand den Kopf des Hundes und knete mit der anderen seinen Behang. Dann streife ich vom Ansatz des Ohres zum Ende. Das genießen alle Hunde ganz besonders.

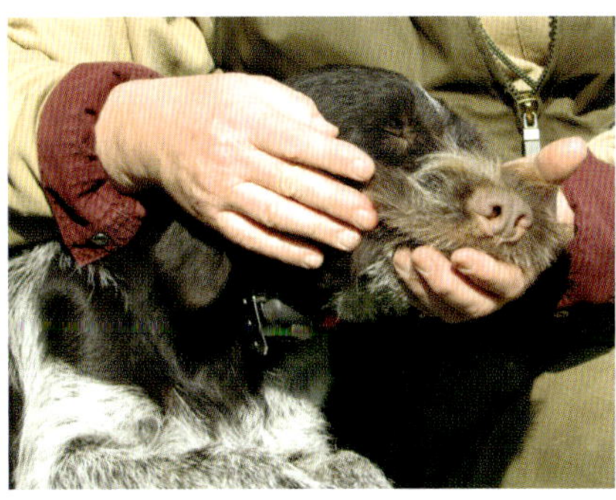

Danach steht unser Hund ruhig und voller Selbstvertrauen auf dem Tisch.

Die wahre Steigerung aber ist der „Maul Touch“. Ich schiebe die eine Hand unter den Fang meines Hundes, während die andere unter die Lefzen greift und mit kreisförmigen Bewegungen sein Zahnfleisch massiert.

All das praktiziere ich in geringfügig eigener Abwandlung.

Danach lassen sich die Hunde zum Apportiertraining leicht in den Fang greifen und stehen ruhig und selbstsicher auf dem Ausbildungstisch.

Anbinden

Nun können wir leicht mit dem nächsten Ausbildungsschritt fortfahren. Dazu binden wir den Hund an. Zuerst mit einem Bauchgurt, dann auch mit der Halsung, selbstverständlich ohne Zug. Dazwischen gibt es immer wieder einmal ein Stück Wurst. Bevor es unser Hund noch richtig bemerkt, ist seine Bewegungsfreiheit eingeschränkt und er kann sich unserem Einfluss nicht mehr entziehen. Jetzt beginnen wir mit dem ersten Schritt:

Schritt I:

Wir stecken dem Hund unsere Hand in den Fang. Denn erst wenn er das duldet, können wir ihm auch ein Apportel in den Fang stecken. Wir halten dazu unsere Hand flach und passen auf, dass wir nicht seine Lefzen einzwicken. Der dabei unten liegende Daumen umfasst nicht den Unterkiefer, sondern wird locker gehalten.

Achtung: Rutschen Sie dabei ja nicht mit dem kleinen Finger zu weit nach hinten, denn dort bilden die Molaren eine wahre Brechzange und Ihr Finger könnte unter Schmerzen Schaden nehmen.

Jetzt können wir ihn sukzessive anhängen und sogar unsere Hand in seinen Fang stecken.

Es ist auch für Zahnkontrollen beim Tierarzt oder bei Pfostenschauen wichtig, dass sich unser Hund ruhig und vertrauensvoll in den Fang greifen lässt. Erst wenn das klappt, kommt der nächste Schritt.

Schritt II:

Jetzt ziehen wir uns einen mit Duftstoffen von Fasan, Hase und Ente

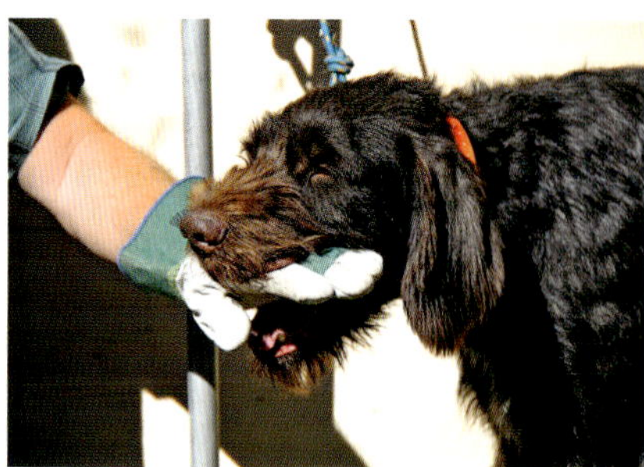

Der nächste Schritt ist ein Arbeitshandschuh in seinem Fang – unser erstes Dummy.

versehenen Handschuh an und halten dem Hund damit wieder unsere Hand in den Fang. Meist ist dieser Schritt leichter und der Handschuh wird dann unser erstes Dummy.

Schritt III:

Das ist der alles entscheidende Schritt, denn nun wird ein Lauf des Hundes an eine Schnur gebunden und weggezogen. In dieser Sekunde aber stecken wir unserem Hund den ausgezogenen Handschuh in den Fang und lassen die angespannte Schnur sofort wieder los. Wegdrehen und ausweichen ist nicht möglich. Der Hund muss den Fang öffnen und sich den Handschuh hineinstecken lassen.

Falls sich unser Hund dabei von der angespannten Schnur losbeißen will, so schieben wir ihm einfach den Handschuh dazwischen. Wenn er aber seinen Fang öffnet und den Handschuh greift, lassen wir im selben Augenblick die Schnur los, die Spannung lässt sofort nach und er kann wieder auf allen vier Läufen stehen. Wenn das unser Hund nach unzähligen Wiederholungen verstanden hat und das Schnurziehen automa-

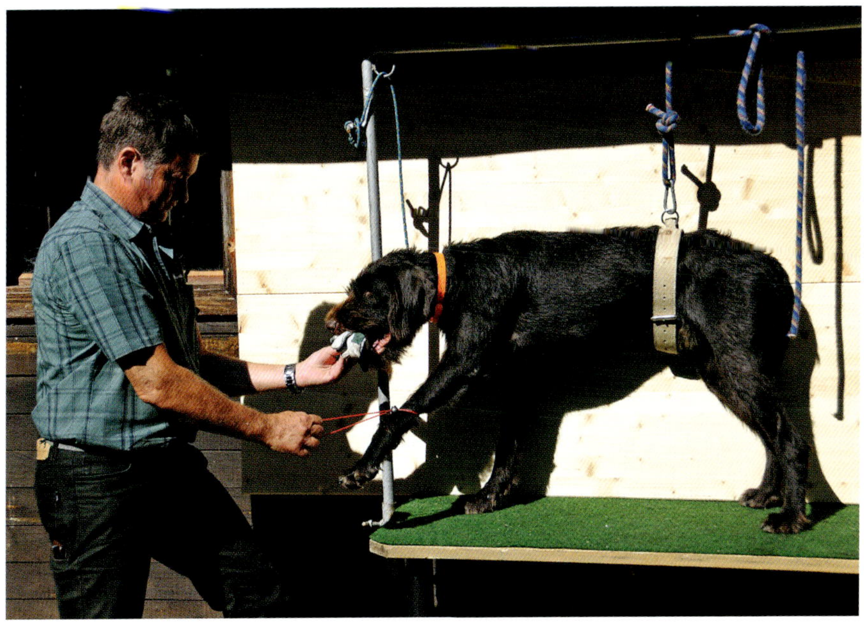

In der Folge ziehen wir unserem Hund mit der Schnur ein Bein weg. Sowie er nach der Schnur schnappen will, um sich aus dieser Lage zu befreien, halten wir ihm den Handschuh vor die Nase.

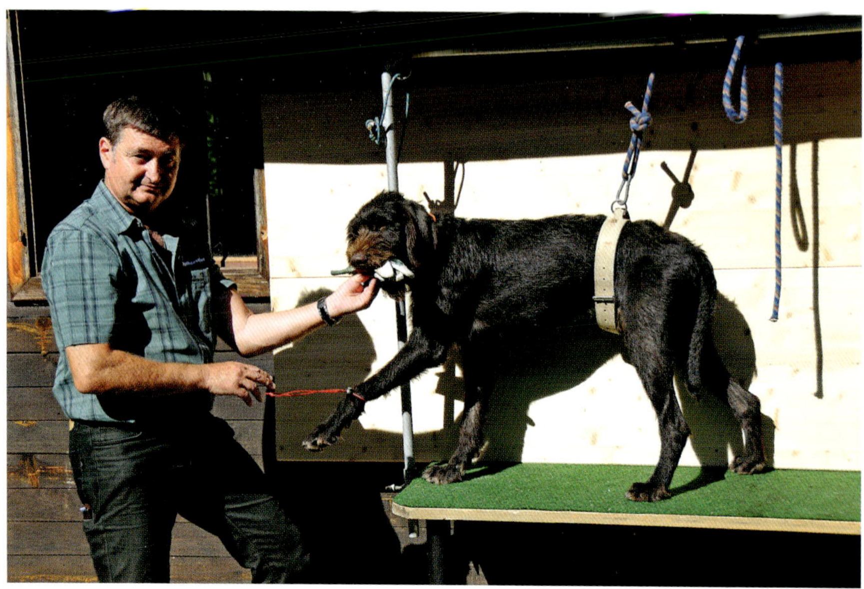

Greift er den Handschuh, so lassen wir noch in derselben Sekunde die Schnur wieder los und unser Hund kann wieder auf allen vieren stehen.

tisch das Fangöffnen auslöst, können wir den nächsten Schritt erlernen.

Schritt IV:

Nun verlängern wir seine Kopfbewegungsfreiheit, damit sich unser Hund leicht bis zur Tischplatte hinunterbeugen kann. Wir ziehen wieder an der Schnur und wandern sukzessive mit dem Handschuh vor seiner Nase immer weiter hinunter, bis wir den Handschuh auf die Tischplatte legen können. Erst wenn unser Hund durch das Laufwegziehen problemlos den Handschuh von der Tischplatte aufnimmt, sagen wir unser verbales Kommando Apport dazu. Würden wir dieses Kommando nämlich schon früher sagen, so würde der Hund nur eine falsche Verbindung herstellen. Denn nur durch das gesprochen Wort alleine kann ein Hund fast nichts lernen. Er benötigt die Handlung durch unseren Körperkontakt. In diesem Fall das Laufwegziehen und das In-den-Fang-Stecken des Handschuhes. Bei diesem Lernschritt soll er aber bereits den Handschuh von alleine aufnehmen.

Das Kommando Apport setzen wir erst ein, wenn der Hund durch das Schnurziehen anstandslos den Handschuh aufnimmt.

Wenn dieser Lernschritt nach zig Kopplungen klappt, können wir dem Hund auch den Bauchgurt abnehmen. Als Nächstes schließen wir die Handlungskette, indem wir auf dem Tisch unseren Hund zum Handschuhdummy schicken.

Schritt V:

Nun kann sich der Hund auf dem Tisch frei bewegen. Wir setzen ihn an das eine Ende und schicken ihn mit dem Kommando *Apport* zum anderen Ende, um den Handschuh aufzunehmen. Sollte er auch nur eine halbe Sekunde lang dabei zögern, so wird unter Wiederholung des Kommandos schon wieder der Lauf weggezogen. Sofort wird er den Handschuh aufnehmen, den wir uns dann zurück an den Ausgangspunkt bringen lassen.

Es hat keinen Sinn, ein nicht befolgtes verbales Apportierkommando, in der Hoffnung, es wird doch irgendwann einmal erhört, noch ein paar Mal zu wiederholen. Nur wenn wir unseren Hund am Lauf ziehen, wird er sich an die vorherige Tischarbeit erinnern und das Dummy aufnehmen.

Sollte das nicht funktionieren, so sind wir zu schnell vorgegangen und müs-

Das üben wir dann mit den verschiedensten Dummys: Apportierholz mit Fuchsbalg, Wasserdummy, Kanindummy, Taube, Fasan sowie mit einer Glasflasche, die unserem Hund das Knautschen abgewöhnt.

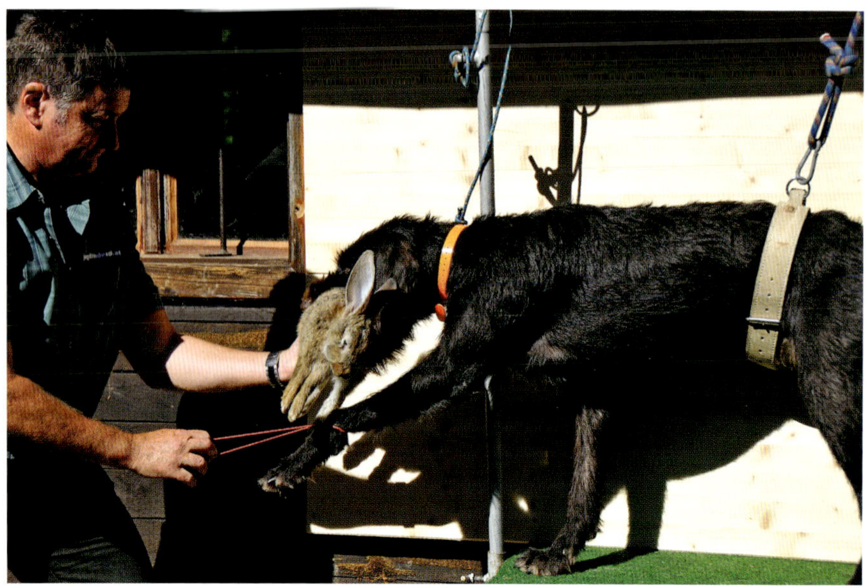

Wenn es mit all diesen Dummys klappt, halten wir ihm ein noch warmes und frisch abgeschlagenes Kaninchen vor die Nase.

sen einen oder mehrere Lernschritte zurückgehen. Wenn die vorangegangenen Schritte dann wieder klappen, enden wir mit einem Erfolgserlebnis für den Hund: Lob, Anerkennung durch beruhigendes Handauflegen und vielleicht ein Stück Wurst. Ich lockere all diese Übungen zwischendurch immer wieder mit einem Belohnungshappen auf. Falls der Hund so ein Leckerli ablehnt, so hat er psychischen Stress. In so einer Phase ist kein Lernfortschritt mehr zu erwarten und ich gehe sofort wieder einen Schritt zurück, um mit einem lobenden Erfolgserlebnis für den Hund zu enden.

Wenn ein Lernschritt nicht klappen sollte, so gehen wir gleich wieder einen oder zwei Schritte zurück, um mit einem Erfolgserlebnis abzuschließen.

Nun ist die Handlungskette des Apportierens auf dem Tisch einmal geschlossen. Daher trainieren wir von Schritt II beginnend alles noch einmal mit professionellen Dummys. Das erste Dummy ist ein Standard-Stoffdummy, welches wir natürlich mit den gleichen Duftstoffen versehen wie schon den Übungshandschuh. Dann benötigen wir noch ein Kaninchendummy, ein Fasanendummy,

Nimmt der Hund einmal von der Tischplatte auf, so können wir ihn auch schon zum Dummy hinschicken …

… und uns das Dummy zurückbringen lassen.

eine Fuchslunte, ein Wasserdummy und last but not least ein Dummy für die Dummypistole.

Wenn auch diese Durchgänge funktioniert haben, greifen wir zu erlegtem Wild und beginnen wieder bei Stufe II. Wir verwenden die für die Herbstprüfung wichtigsten Wildarten wie Fasan, Ente, Hase und darüber hinaus einen Fuchswelpen. Ich verwende von Beginn an Fuchs zum Apportiertraining. Damit erspare ich mir beim späteren Training zur Vollgebrauchsprüfung viel Ärger und Stress.

Am Ende dieser Apportierausbildung stehen zwei Sieger.

Ein häufiges Problem …

… ist das Fallenlassen kurz nach dem Aufnehmen. Der Hund greift zwar prompt nach dem Wild, um das lästige Laufwegziehen zu vermeiden, lässt aber gleich danach wieder das Wild fallen. Dieses Problem ist leicht zu beheben. Gleich nach dem Fallenlassen ziehen wir ihm wieder seinen Lauf weg. Diesmal haben wir aber jede Zeit der Welt und heben erst einmal in aller Ruhe das Wild vom Boden auf. Unser Hund darf uns dabei auf drei Läufen zusehen. Dann halten wir ihm das Stück vor die Nase, lassen ihn aber nicht gleich zugreifen. Er wird ein oder zwei Mal zupacken wollen, um sich von der lästigen Schnur zu befreien. Wir lassen ihn jedoch frühestens beim dritten Mal das Wild fassen. Bereits nach wenigen Durchgängen wird unser Hund das Wild nicht mehr fallen lassen, weil wir ihm sonst wieder lästig werden.

Die Apportierausbildung benötigt die meiste Zeit und viel Geduld. Cholerisches Verhalten ist unangebracht und verhindert geradezu den Erfolg. Wir müssen einfach Schritt für Schritt abwarten, bis es bei unserem Hund klick macht. Ja, und dann stellen wir uns einmal die Frage:

Wie hat das unser Hund aufgenommen?

Wir haben ihm soeben schmerzfrei beigebracht, durch das Vermeiden eines aversiven (ablehnenden) Reizes – das Stehen auf drei Läufen – unser Kommando Apport auszuführen. Heute ist in der modernen Hundeausbildung das Lernen durch Meideverhalten verpönt. Es ist aber durchaus eine wichtige und natürliche Reaktion. Stellen wir uns vor, unser Junghund hört das Surren eines Wespennestes und tappt das erste Mal vor Neugier auch prompt hinein. Sofort wird er sich nach einigen Stichen zurückziehen und in Zukunft dieses Surren als Signal für eine recht unangenehme Einwirkung einstufen. Er wird daher beim Hören dieses Signals das nächste Mal ein völlig natürliches Meideverhalten zeigen. In der Lernpsychologie wird Meiden beispielsweise als Herabsetzen einer Motivation definiert. Wir möchten unseren Hund aber nicht alleine im Regen stehen lassen, sondern haben ihm ja vorher schon einen Ausweg gezeigt. Denn sobald unser Hund sich dafür entscheidet das Apportel zu greifen, lassen wir auch sofort wieder die Schnur los und er hat sich damit aus der unangenehmen Lage selber befreit. Richtiges Lernen durch Meideverhalten erfordert eine Doppelstrategie: nicht strafen, sondern einen Ausweg zeigen und zu einer neuen Folgehandlung motivieren, ist der richtige Weg. Die moderne Lösung dafür heißt nämlich Entscheidungslernen: Meiden – das Herabsetzen einer Motivation – und danach gleich das Annehmen eines anderen Vorschlages – Umlenken der Motivation – ist das Erlernen einer von uns gewünschten Entscheidung.

Bodentraining

Jetzt verpflanzen wir das Ganze auf den Boden. Hierzu hat sich eine Apportierbahn in unmittelbarer Nähe vom Ausbildungstisch recht gut bewährt. Diese sollte einen Rasenmäher breit sein und etwa drei Meter lang. Durch den Sprossenzaun der Apportierbahn kann der Hund nämlich nicht ausweichen und wir werfen vor seinen Augen sein Lieblingsdummy in die Apportierbahn. Sofort lassen wir ihn nachpreschen und das Dummy aufnehmen. Nimmt er aber nicht auf, so schreiten wir in der Enge der Apportierbahn ein, ziehen mittels Schnur wieder an einem Vorderlauf und verlangen das Aufnehmen des Dummys von ihm. Sollte das wider Erwarten überhaupt nicht funktionieren, so stellen wir unseren Hund bereits in der nächsten Minute wieder auf den in der Nähe befindlichen Ausbildungstisch. Dort gehen wir also wieder einen oder mehrere Schritte zurück. Obwohl das Aufnehmen vom Boden eine gewisse Hürde darstellt, begreifen die meisten Hunde in der Apportierbahn sehr schnell, worum es geht.

Nimmt unser Hund dann das Dummy auf, so lassen wir ihn sein Dummy stolz einige Meter herumtragen und bewundern ihn dabei ausgiebig. Das motiviert vor allem, wenn auch andere Ausbildungshunde dabei zusehen. Wenn unser Hund das verstanden hat, werfen wir sein Lieblingsdummy in eine nahe und hochgewachsene Wiese. Wir lassen ihn gleich wieder an der Feldleine nachpreschen und falls er nicht aufnehmen will, beginnt das Spiel mit dem Laufwegziehen bei gleichzeitigem Festhalten mit der Feldleine von vorne. Gegebenenfalls müssen wir wieder in die Apportierbahn oder auf den Ausbildungstisch zurück. Normalerweise klappt das in der Wiese nach der Apportierbahn aber recht gut und wir rufen unter ständigem Zurückgehen unseren Hund zu uns, bis er uns das Dummy zuträgt. Will er nicht ganz zutragen, so ergreifen wir die Feldleine und ziehen uns den Hund an der Feldleine heran. Bei uns angekommen verlangen wir ein kurzes „Sitz“ und nehmen ihm lobend das Dummy ab, um es gleich wieder fortzuwerfen. Wir führen damit das spielerische Apportieren aus der Welpenzeit mit dem modernen und schmerzfreien Zwangsapport zusammen und erreichen damit in Kürze ein freudiges und vor allem verlässliches Lösen der Apportieraufgabe.

Fuchsapport

Hierbei scheiden sich nach wie vor die Geister und der Durchschnittshund vom Meister.

Dem bereits mit Fuchslunte und Fuchswelpen vortrainierten Hund schießen wir im Sommer einen Jungfuchs vor. Das geht ab Juni auf den frisch gemähten Wiesen und im Juli auf den Stoppeläckern besonders gut. Danach schicken wir den Hund zum Fuchs. Wenn wir dann selber dort ankommen, binden wir den frisch erlegten Fuchs an eine Schnur und ziehen ihn zurück zu unserem Auto. Der erlegte Fuchs wackelt und zuckt an der Schnur und es entsteht für unseren Hund der Eindruck, dass der warme und schweißende Fuchs noch lebt. Sofort wird jeder instinktsichere Jagdhund zupacken und den Jungfuchs töten wollen. Ein jahriger Jagdhund aber, der sich dabei nicht zupacken traut, sollte unabhängig von der Rasse aus der Zucht genommen werden. Denn schließlich und endlich verdient sich auch ein kranker Fuchs eine ordentliche Nachsuche mit korrektem Apportieren.

Als weiteren Schritt können wir mit diesem Fuchs dann problemlos Schleppen ziehen, denn die Scheu vor dem scharfen Geruch des artähnlichen Caniden ist damit normalerweise genommen. Brachiale Gewalt und Parforce-Dressur sind nicht mehr notwendig. Schlimmstenfalls müssen wir mit dem frisch erlegten Jungfuchs vielleicht noch einmal auf den Ausbildungstisch. Wenn wir nämlich, wie beim Fuchsapport bisher üblich, Starkzwang im Schmerzbereich ausüben, laufen wir Gefahr, dass der Hund bei der Waldschleppe dann den verhassten Fuchs eingräbt. So aber haben wir unserem Hund durch ein Erfolgserlebnis, Beuteln und Schütteln des an der Schnur nachgezogenen Fuchses, Freude an seiner neuen Aufgabe vermittelt. Falls wir keinen Jungfuchs im Revier erwischen, so besorgen wir uns einen solchen von einem Jagdaufseher. Den binden wir dann an die gute alte Reizangel und lassen unseren Hund danach hetzen, einholen und zupacken. Wenn er gut zupackt, machen wir sogar noch Raufspiele und versuchen ihm den Fuchs aus dem Fang zu ziehen. Schlussendlich aber lassen wir unseren Hund gewinnen und den Fuchs stolz wegtragen. Danach ist normalerweise das Eis gebrochen und wir können mit diesem Fuchs leicht an der Schleppe und am Hindernis weitertrainieren. Den nächsten Fuchs, den wir bekommen, brechen wir auf, nehmen den Kern heraus und legen zum Beispiel ein 5 x 8-Staffelholz hinein, um den Fuchs dann wieder mit Draht zuzunähen. Mit so einem Fuchs können wir dann schon ein paar Mal trainieren, ohne dass er zu schnell zu stinken beginnt. Das Ziel aber ist es, dass unser Hund uns einen ungefähr vier Kilo schweren, nicht aufgebrochenen Fuchs über eine 300 Schritt lange Schleppe und über natürliche Hindernisse hinweg bringt.

Dieses amerikanische Apportieren erhält dem Hund die Freude und legt eine solide Basis für die Freiverlorensuche und die Schleppen.

Feld- und Spurtraining

Feldtraining

Aufgrund der Rassenvielfalt und der Vergleichsmöglichkeiten in meinen Hundeführerkursen bin ich zu der Meinung gekommen, dass

das Vorstehen die Hauptaufgabe bei der Feldarbeit ist.

Ich habe Hunde kennengelernt, die in der Jugend eine Hasenspur nie besonders lange hielten. Doch bereits nach ein paar Herbstjagden ging ihnen der Knopf auf und sie verfolgten

Jägerin und Hund haben dieselbe Beute im Auge.
Foto: Martin Rauchenwald

Handzahme Brieftauben werden mit Hasen- und Fasanduftstoffen beträufelt.

Damit werden die Werfer geladen.

jeden kranken Hasen, bis sie ihn zur Strecke brachten. Umgekehrt lernte ich Hunde kennen, die so lange perfekt vorstanden, bis man sie an der

Hasenspur ansetzte und sie eines Tages einen Löffler stachen. Danach standen sie leider nie wieder vor, es sei denn, man wendete rohe Gewalt an. Ich glaube daher, dass die genetische Bedeutung der Hasenspur noch immer überbewertet wird. Spurunwillige Hunde sollte man natürlich genauso aus der Zucht nehmen wie Hunde, die nur durch starken Druck vorstehen.

Unsere Hunde aber sind ja schon in der Sozialisierungsphase und in der Welpenschule sichtig vorgestanden. Das wollen wir jetzt ausbauen und wenn wir die Apportierausbildung vorher schon durchlaufen haben, so ist das besonders leicht. Moderne technische Hilfen wie den Taubenwerfer möchten wir uns natürlich dafür auch zunutze machen.

Zum Kennenlernen lasse ich eine kleine Gruppe von Junghunden mit ihren Führern im Kreis gehen und stelle einen Taubenwerfer in die Mitte, der mit einem Tennisball geladen ist. Dann ziehen wir den Kreis immer enger und plötzlich löse ich den Werfer aus und die interessante Ersatzbeute Ball schießt in die Luft. Danach fin-

Diese Werfer werden dann im Feld ausgelegt und markiert.

den alle Hunde den Werfer interessant und erschrecken zukünftig nicht mehr vor dem Schnalzen beim Öffnen des Werfers.

Bei der nächsten Sitzung ist Einzelunterricht angesagt und ich lade mindestens zwei Werfer mit Brieftauben. Diese versehe ich noch zusätzlich mit Hasen- und Fasanduftstoffen. Brieftauben sind einerseits Menschen gewöhnt und haben keinen Stress und kennen andererseits aber auch die Gefahren der Natur. Den einen Werfer setze ich rechts an den Rand einer Wiese und den anderen Werfer links. Und dann geht auch schon die Feldsuche mit Stirnwind los. Anfänglich noch an der Feldleine. Stürmt der junge Hund geradewegs nach vorne, so erfolgen ein kurzer Lenkpfiff und ein leichtes Zupfen an der frei mitlaufenden Feldleine, damit sich der Hund nach uns umdreht. Dann das Kommando „Herum" gleichzeitig mit einer eindeutigen Handbewegung und einem Ausfallschritt nach links oder nach rechts.

Nach dem zweiten oder dritten Lenkpfiff kommt unser Hund bereits an den ersten Werfer und wird sich denken:

Na toll, da sitzt ja eine dufte Taube.

Zieht er aber vor dem Werfer nur kurz an und macht Anstalten einzuspringen, so ergreifen wir wieder die Feldleine und geben das Kommando

Triller – Pager – Halt.

Danach treten wir von der Seite an ihn heran und lassen ihn etwas nach- und anziehen, bis er sicher steht. Erst dann öffnen wir den Werfer und lassen die erste Taube wieder nach Hause fliegen.

Vor allem bei stürmischen Hunden lasse ich die ersten paar Tauben unbeschossen abstreichen, damit die Hunde vorsichtiger werden und nicht zu schnell zum Beuteerlebnis kommen. Interessiert sich unser Hund nun für den leeren Werfer, so darf er ruhig einmal seine Nase hineinstecken, damit er die Duftveränderung kennenlernen kann. Er wird später auch bei ausgelaufenen Hasensassen die Duftveränderung kennenlernen müssen, damit er sie nur kurz anzeigt und nicht ewig lange davor stehen bleibt.

Dann tragen wir den Hund ein paar Schritte ab und schicken ihn zur weiteren Suche ins Feld hinaus. Nun gibt es schon wieder nach einigen wenigen Lenkpfiffen einen tollen Taubenduft und unser Hund wird sich denken:

He, das macht echt Sinn, wo mich der Chef da hin dirigiert.

Hält der Hund plötzlich inne und steht durch, so können wir den Werfer öffnen und die Taube von einem Mitjäger erlegen lassen. Der Hund sieht die getroffene Taube abstürzen und wird sofort losstürmen wollen, um die Beute einzuholen. Jetzt heißt es aber schon wieder

Triller – Pager – Halt.

Nach einer kurzen Gedenkminute darf dann unser Hund die frische Beute einholen und uns bringen. Sonst wird er nämlich schusshitzig.

Damit schließt sich der Kreis für unseren Hund von der Quersuche im Feld – wir haben ja einen Werfer links und einen Werfer rechts aufgestellt – über das Vorstehen und Apportieren zu einer Handlungskette, die durch die frische Beute mit einem tollen Erfolgserlebnis für ihn endet. Das ist ein augenscheinliches Beispiel für

Lernen durch Erfolg und freiwilligen Gehorsam.

Falls der Hund aber zum Rückfalltäter wird und wieder einspringen möchte, trillern und pagern wir, während wir gleichzeitig die Taube

Steht unser Hund durch, so wird der Werfer geöffnet und die Taube heruntergeschossen.

unbeschossen abstreichen lassen. Die Botschaft lautet:

Nur wenn du sicher durchstehst, gibt es Beute.

Nach ein paar weiteren Durchgängen trainieren wir damit einen absolut sicheren Vorsteher. Sollten uns aber Kritiker mit der Frage konfrontieren, warum wir die Taube dabei töten, so werden wir ihnen versichern, dass die Taube unserer Nahrungskette zugeführt wird.

Jagdhundeausbildung ist nämlich auch Jagdausübung.

Spurtraining

Die Hasenspur ist eine wichtige Aufgabe für unseren Jagdhund. Spurwille und Spursicherheit sind für die genetische Weitergabe ebenso von Bedeutung wie Sicht- oder Spurlaut. Allerdings sind unsere Verbandsjugend- beziehungsweise Anlagenprüfungen veraltet und völlig ungeeignet das festzustellen. Die Meinung, man könnte bei der Prüfung noch Anlagen feststellen, wenn durchschnittliche Hundeführer ihre Hunde zwei Monate lang darauf vorbereiten, ist wie der Glaube an rosarote Elefanten. Vor allem die Vorstehhunde benöti-

Wenn der abgetreten Hase außer Sicht ist, setzen wir unseren Hund mit der Ablaufleine an.

Nur ausreichende Passion ermöglicht das andauernde Halten der Spur.

gen dringend neue, von Fachleuten – wie zum Beispiel Verhaltensbiologen – ausgearbeitete Anlagenprüfungen. Darüber hinaus verlangt die Hasenspur genau das Gegenteil der Feldarbeit, nämlich die Arbeit mit der tiefen Nase und das Hetzen von gesundem Wild. Vieles, was wir uns beim Feldtraining erarbeitet haben, wird durch die Hasenspur wieder gelöscht.

Hasenhetzen ist nämlich lustiger als Vorstehen.

Die Kurzhaarleute beispielsweise zeigen uns, dass man auch ohne Hasenspur einen hohen Leistungslevel erhalten kann.

Zurück zum eigentlich Training. Wir beginnen mit Junghunden, die schon einige Hasen- oder Kaninchenschleppen ausgearbeitet haben, und gehen mit ihnen ins Feld. Dort lassen wir uns von einem Jagdfreund einen Hasen aus der Sasse treten, den unser Hund natürlich nicht sehen darf. Am besten halten wir ihm dabei die Augen mit unserem Hut zu. Wir selber sehen dabei aber ganz genau hin, damit wir unseren Hund gleich danach auch richtig ansetzen können. Das Ansetzen empfehle ich an einer Ablaufleine (s. „Strafen war gestern“). Damit setzen wir den Hund schon einen Meter vor der Sasse an und lassen ihn dort ansaugen. Dann helfen wir ihm über die Sasse hinweg, denn die Sasse ist eine wahre Duftbombe und die Spur danach hat nur mehr einen Bruchteil an Witterung. Der Spur folgen wir dann flott an der Ablaufleine bis zum ersten Haken. Erst wenn der Hund diesen Richtungswechsel richtig aufgenommen hat, lassen wir die Ablaufleine langsam los. Diese läuft durch die Öse ab und gibt den Hund ohne Ruck frei. Das andere Ende hängt ja noch an unserer Gürtelschlaufe. Danach können wir die Spurarbeit des Hundes genau verfolgen. Wenn es dabei gelingt, dass der Hund den Hasen sticht und lauthals verfolgt, so haben wir das Match schon fast gewonnen. Dann warten wir einfach, bis unser Hund wieder zurückkommt. Drei oder vier für den Hund durch das Stechen erfolgreiche Hasenspuren können bereits ausreichen, damit er die Spurarbeit verinnerlicht. Am Tag danach beginnen wir noch einmal mit dem Vorstehen, wie schon in der Feldarbeit beschrieben, denn die Hasenspur kann die ererbten und trainierten Vorstehleistungen überdecken.

Beginnen wir das Training zu zeitig im Frühjahr, so ist die Feldfrucht noch nicht hoch genug und der Hund sieht die Hasen zu früh. Die Folge ist, dass der Hund hauptsächlich mit dem Auge sucht und nicht lernt, seine Nase richtig einzusetzen. Dann sollten wir bei aller Spurfreude noch bedenken, dass nach Statistik jeder zweite Hase nämlich eine Häsin ist und zu dieser Zeit entweder gerade innehat oder säugt.

Ich empfehle daher, das Kind nicht mit dem Bade auszuschütten, die Spurprüfungen aber auf neue Beine zu stellen.

Freiverloren und Schleppe

Freiverloren

Das Freiverlorensuchen beginnen wir möglichst mit Stirnwind. Wir stellen uns mit unserem Hund vor einen höheren Bewuchs und werfen vor seinen Augen ein Stück erlegtes Wild hinein. Der Hund darf aber diesmal nicht gleich nachspringen, sondern muss zuerst einmal eine Minute warten. Dann erst richten wir mit der rechten Hand seinen Kopf in die Richtung des Wildes und geben ihm mit der linken Hand einen Klaps zum Zeichen, dass er loslaufen und suchen darf.

Wer möchte, kann dazu das Kommando „Apport" sprechen. Der Hund benötigt das aber nicht, weil er ja viel mehr auf Körpersprache, nämlich den Klaps reagiert.

Das üben wir an unterschiedlichen Stellen, wie zum Beispiel im hohen Gras, im Rübenacker, im Schilf, und

auch Brombeerhecken lassen wir nicht aus. Zu Beginn jedes Mal noch sichtig, aber immer mit der gleichen deutlichen Körpersprache:

Mit der Rechten den Kopf einrichten und mit der Linken einen Klaps zum Losschicken geben.

Sie werden sehen, diese Arbeit macht ihrem Hund große Freude und die Basis unserer Apportierausbildung trägt hier die ersten Früchte. Wenn unser Hund zurückkommt, lassen wir ihn richtig vorsitzen und gehen dann noch ein paar Meter bei Fuß, während der Hund das Wild trägt. Erst dann darf er abgeben. Das hilft uns bei der Prüfung sehr. Bis dahin ist der Hund dieses Ritual gewohnt und kommt gar nicht auf die Idee, uns das Wild vor die Füße zu spucken. Bei der Prüfung nehmen wir ihm das Wild dann nämlich gleich beim ersten Vorsitzen ab.

Am nächsten Tag fahren wir wieder dieselben Stellen ab und werfen ein Stück Wild ins hohe Gras, eines in die Rüben, eines ins Schilf und eines in die Brombeerhecke. Diesmal aber ohne unseren Hund zusehen zu lassen und nicht ganz an dieselben Stellen wie am Vortag. Die Stücke können ruhig einige Zeit draußen liegen bleiben, denn je länger sie dort liegen, desto mehr Duft geben sie ab. Dann gehen wir die bereits gewohnten Stellen mit unserem Hund ab und setzen ihn mit dem erlernten Körpersprachensignal zum Suchen an. Sie werden sehen, ihr Hund springt sofort los und sucht das Wild an den gewohnten Stellen. Dort liegt es aber nicht und er muss seine Nase einsetzen, um durch Suchen zum Erfolg zu kommen. Wir dürfen dabei unseren Hund auch lenken: Ein kurzer Einzelpfiff und ein deutliches Handzeichen in die entsprechende Richtung genügen. Das ist prüfungskonform und praxisgerecht.

Bereits nach wenigen Übungstagen ist ihr Hund von der Freiverlorensuche begeistert und kann es gar nicht mehr erwarten, Wild zu suchen und zu apportieren. Dann machen wir die Sache etwas interessanter und werfen an der gleichen Stelle drei Stücke aus. Das erste Mal wieder sichtig für den Hund. Wenn wir jetzt den Hund mit dem schon erlernten Ritual ansetzen, ist das Einweisen des Kopfes mit der rechten Hand besonders wichtig. Wir weisen ihn dabei eindeutig in die Richtung des ersten Stückes ein. Unser Hund wird nämlich das letzte Stück zuerst suchen wollen, weil er das noch am besten in Erinnerung hat. Doch genau das dürfen wir ihm auf keinen Fall erlauben. Er muss in die eingewiesene Richtung suchen und wird ja auch dort zu Erfolg kommen. Das ist nicht nur für Retrieverprüfungen wichtig, sondern auch für

Anfänglich wird das Wild noch sichtig in einen hohen Bewuchs geworfen.

die Jagd. Stellen Sie sich vor, Sie jagen an einem Fluss und die zuletzt beschossene Ente liegt leicht zu finden im Schilfrand, während eine zuvor beschossene gerade mit der Strömung abtreibt. Da brauchen Sie einen Hund, der in die Richtung sucht, in der Sie ihn ansetzen, damit die Ente nicht verloren geht.

Wenn das klappt, gehen wir wieder unsere gewohnten Stellen ab und legen, ohne dass es unser Hund sieht, jeweils fünf Stücke aus. Falls uns dabei das Übungswild knapp wird, legen wir auch ein paar Dummys dazwischen. Jetzt muss der Hund immer in die eingewiesene Richtung suchen

Ansetzen und Einweisen mit deutlichem Körpersignal ist besonders wichtig.

und wird dort auch bald zum Erfolg kommen. Wenn wir das alles fleißig trainiert haben, so ist das Freiverloren eine relativ stabile Handlungskette. Nur abgesichert durch Konflikte haben wir das Ganze noch nicht. Das besprechen wir nach dem Schleppentraining noch genauer.

Schleppe

Die Schleppe beginnen wir so ähnlich wie das Freiverloren, allerdings möglichst mit Nackenwind. Wir lassen den jungen Hund die ersten paar Meter zusehen, wie der Schleppenzieher einen Hasen wegzieht.

Dabei hat die erste Schleppe noch keinen Winkel, sondern nur einen leichten Bogen. Der Hund soll nach wenigen Metern den Schleppenverlauf nicht mehr sehen können, weil der Schleppenzieher beispielsweise hinter einer Buschreihe verschwindet. Dann setzen wir den Hund an, indem wir auf den Boden zeigen, wo etwas Wolle vom Schleppwild liegt, und gehen die gesamte Schleppe noch an der Feldleine mit ihm ab. Am Beginn wird er losstürmen wollen, weil er ja einen Teil des Schleppenverlaufes noch im Auge hat. An der Stelle aber, wo der Schleppenzieher hinter der Hecke verschwunden ist, muss unser Hund seine Nase in

Das gefundene Wild ist unser Erfolgserlebnis.

Der Schleppenbeginn wird gut markiert und das Wild ein paar Mal gedreht.

die Hand nehmen und den Hasen suchen. Wenige Meter vor dem Hasen lassen wir dann die Feldleine einfach fallen und den Hund apportieren, um anschließend wieder zurück zum simulierten Anschuss zu gehen. Dort soll unser Hund korrekt vorsitzen. Dann gehen wir noch ein paar Meter bei Fuß, während der Hund noch immer den Hasen trägt, bis wir ihm diesen abnehmen. Wie schon bei der Freiverlorensuche berichtet, hilft uns das bei zukünftigen Prüfungen. Bei diesen allerdings nehmen wir ihm ja das Schleppwild dann gleich beim ersten Vorsitzen ab. Bei den nächsten Schleppen darf der Hund dann nicht mehr zusehen. Der Schleppenzieher dreht den Hasen zwei oder drei Mal am Anschuss, rupft ein bisschen Wolle aus und lässt diese am Anschuss liegen. Dann zieht er den Hasen ungefähr 50 Schritt durch nicht zu hohes Gras und baut einen ersten Haken ein. Dabei wird der Hase wieder ein paar Mal gedreht und weiter gezogen. Nach weiteren 50 Schritt lässt er den Hasen liegen und geht in dieser Linie noch einmal 50 Schritt weiter, um sich anschließend in guter Deckung zu verstecken.

Das Weitergehen in der Linie nach dem Schleppenende ist besonders wichtig, wenn der Hund im Eifer den abgelegten Hasen überläuft und bemerkt, dass jetzt nur mehr die Witterung des Schleppenziehers zu finden ist. Dann kann er sich selber korrigieren, zum Hasen zurücklaufen und noch immer ordentlich bringen. Das Finden eines zweiten Hasen beim versteckten Schleppenzieher ist hingegen kontraproduktiv. Der Hund soll ja lernen, die Schleppe zu halten, und nicht auch noch durch das Ausarbeiten der Fußspur des Schleppenziehers mit einem Hasen belohnt werden. Viel vernünftiger ist es hingegen, das Schleppwild an einer Reizangel neben sich her zu ziehen. Damit unser Hund eindeutig zwei Spuren vorfindet und lernt, sich nur nach dem Wild zu orientieren.

Nun führen wir unseren Hund zum Anschuss, zeigen wieder mit der gleichen Körpersprache auf den Boden, wo ja die Wolle des Schleppwildes liegt, und gehen mindestens bis zum Haken an der Feldleine mit ihm die Schleppe ab. Dort stellt sich dann die Wahrheit heraus. Ist der Hund nämlich nur mitgelaufen, ohne mit seiner Nase die Schleppe anzunehmen, so wird er den Haken überlaufen und sich kaum selber korrigieren können. Hat er aber die Aufgabenstellung begriffen und mit der Nase mitgedacht, so wird er vielleicht den Haken auch kurz überlaufen, sich danach aber gleich selber korrigieren und schnurstracks zum abgelegten Hasen laufen. Wenn er sich dabei gut eingefädelt hat, können wir die Feldleine wieder fallen und mitlaufen lassen. Sollte er wider Erwarten den abgelegten Hasen überrennen, so rufen wir ihm ein energisches „Apport" nach, um ihn an seine ursprüngliche Aufgabe zu erinnern. Wie schon gesagt soll er ja nicht die Menschenspur, sondern eben die Hasenschleppe ausarbeiten. Danach geht es wieder zurück zum Anschuss. Es folgt das Vorsitzen, Fußgehen und dann erst Abgeben.

Den Hund ruhig und besonnen ansetzen und nach wenigen Metern von der Leine ablaufen lassen.

Dann ist flottes und spursicheres Ausarbeiten erwünscht.

Am Schleppenende angelangt soll unser Hund ohne zu zögern aufnehmen ...

... und sicher bringen.

Dem Hund, der sich nach dem Haken nicht mehr einfädeln konnte, müssen wir natürlich weiterhelfen. Wir zeigen ihm die Bodenverwundung und etwas Wolle an der Schleppe und gehen bis zum ausgelegten Hasen mit ihm. Dort wird er gelobt und zum Apportieren animiert. Nach einigen solchen Übungen klappt es auch mit diesen Hunden sehr bald.

Als Nächstes verlängern wir die Schleppe auf 100 x 100 Schritte und führen unseren Hund noch die ersten 10 Male bis zum Haken an der Feldleine. Wenn das funktioniert, erweitern wir um einen Haken und lassen uns das Wild 100 x 100 x 100 Schritte hinausziehen. Dabei stellen wir von der Feldleine sukzessive auf eine Ablaufleine (s. „Strafen war gestern") um, weil wir diese auch bei der Prüfung und im Jagdbetrieb sehr gut einsetzen können. Damit laufen wir die ersten 20 Schritt auf der Schleppe mit und lassen dann einfach die Ablaufleine los. Diese läuft durch die Öse ab und gibt den Hund ohne Ruck frei. Das andere Ende hängt dabei aber noch an unserer Gürtelschlaufe.

Nach einigen Wiederholungen wechseln wir den Boden und ziehen unsere Schleppen nicht nur über Feldwege, sondern auch über Stoppeläcker. Sie werden sehen, so ein Wechsel macht selbst einem guten Hund zu schaffen. Kann der Hund mit der Leistungssteigerung aber einmal nicht mehr mithalten, so gehen wir sofort einen Schritt zurück und enden unbedingt wieder mit einem Erfolgserlebnis. Unser Hund darf die Arbeitsfreude an der Schleppe nicht verlieren. Dann wechseln wir die Wildart und üben natürlich auch mit Federwild.

So, nun ist auch die Schleppe nach weiteren zig Übungen eine relativ stabile Handlungskette geworden und wir können uns mit Freiverloren und Schleppe zwecks Absicherung in den Konfliktbereich wagen. Im Kapitel Lernverhalten haben wir ja gelesen, dass Lernen durch Erfahrung eine stabile Verhaltensänderung herbeiführt. Jetzt braucht unser Hund aber noch die Erfahrung, das erlernte Freiverloren und die Schleppen trotz massiver Ablenkung durchzuführen. Denn erst durch die Bewältigung eines solchen Konfliktes ist ein dauerhafter Lernerfolg zu erreichen. Der Lernschritt Vermitteln ist ebenso abgeschlossen wie der Lernschritt Kopplungen durch zahlreiche Wiederholungen. Also beginnen wir mit dem:

Absichern

Dazu bedienen wir uns modernster Gerätetechnik.

Die Übungsannahme I lautet:

Während der Hund einen erlegten Hasen apportiert, wird kurz vor ihm ein weiteres Wild beschossen. Dieses flüchtet, der Hund muss aber den erlegten Hasen trotzdem apportieren.

Wir lassen wie gewohnt eine Schleppe ziehen und diese den Hund ausarbeiten. Beim Zurückkommen schießt plötzlich ein Weidkamerad mit einer Dummypistole dem Hund das mit Duftstoffen versehen Dummy vor die Läufe.

Dieses springt vom Boden wieder auf und fliegt weiter.

Der Hund ist überrascht und möchte erwartungsgemäß den Hasen fallen lassen und dem Dummy hinterherjagen. In diesem Moment reagieren wir auf Entfernung noch innerhalb der Assoziationszeit mit

Triller – Pager – Halt.

Der völlig erstaunte Hund steht nun vor seinem fallen gelassenen Hasen und weiß nicht mehr, was er tun soll. Daraufhin sprechen wir ihn mit ruhigen Worten an, um ihn wieder Sicherheit zu geben, und verlangen danach in aller Ruhe, dass er den Apportierauftrag zu Ende führt.

Zur Absicherung des Schleppentrainings wird zum Beispiel eine Verleitung mit einem Rüttelhasen (sonst für Krähenfänge verwendet) eingebaut.

Unser Hund wird wie gewohnt angesetzt ...

... arbeitet die Schleppe sehr gut bis zum ersten Haken aus ...

... und bremst sich vor dem Rüttelhasen plötzlich ein ...

... schaut ganz verdutzt ...

... hört auf einmal das bekannte Signal Triller – Pager – Hall ...

... lässt den Rüttelhasen ungeschoren und kommt ohne Schleppwild zurück.

Danach wird er neuerlich angesetzt ...

... arbeitet die Schleppe tadellos aus und ignoriert den Rüttelhasen.

Dann nimmt er das Schleppwild auf und bringt es anstandslos.

Andreas Gass bringt mit dem Rüttelhasen seinen Hund zwar in einen Konflikt. Er hilft ihm aber durch das neuerliche Ansetzen das Problem zu lösen und freut sich über die vom Hund gelöste Aufgabe.

Die Übungsannahme II lautet:

Während der Hund einem geflügelten Fasan nachgeschickt wird, steht ein Hase neben dem Geläuf auf und flüchtet. Der Hund muss trotzdem den Fasan apportieren.

Diesmal lassen wir eine Schleppe mit einem Fasan ziehen und setzen prüfungskonform einen Winkel nach ungefähr 100 Schritt. Dann bereiten wir die Hasenmaschine so vor, dass ein Weidkamerad aus guter Deckung mittels Fernsteuerung den Hasenbalg einige Meter vor dem Haken über die Schleppe ziehen kann. Nun setzen wir unseren Hund an und warten, bis unser Helfer den naturgegerbten und ausgestopften Balg für den Hund sichtig über diese Schleppe zieht. Wenn es dann den Hund förmlich von der Schleppe reißt und er dem Hasenbalg nachjagen möchte, wirken wir wieder gut vorbereitet und in aller Ruhe mit

Triller – Pager – Halt

ein. Wenn der Hund die Hasenhetze abbricht und an der Stelle liegen bleibt, so haben wir schon sehr viel gewonnen. Kommt er aber zu uns zurück, so ist das auch in Ordnung. Hunde haben ja in erster Linie ein Platzdenken und verbinden die Einwirkung mit dem Raum und nicht gleich mit ihrer Handlung. Sie möchten daher einen Platz, der ihnen unangenehm geworden ist, gerne wieder verlassen. Jedenfalls gehen wir ruhig und freundlich zu unserem Hund, nehmen ihn an die Feldleine und lassen ihn die Fasanenschleppe fertig ausarbeiten und das Wild apportieren.

Die Übungsannahme III lautet:

Beim Nachsuchen von erlegten Enten wird plötzlich eine Taube hoch. Der Hund muss trotzdem die erlegte Ente apportieren.

Jetzt legen wir zum Freiverlorensuchen einige Enten in ein Schilf und verstecken einen Taubenwerfer. Dazu müssen wir mit 45 oder 90 Grad schrägem Wind arbeiten und nicht wie sonst mit Stirnwind. Der Hund soll zwar die Enten mit schrägem Wind in die Nase bekommen, nicht aber den Taubenwerfer. Er soll über dem Wind vom Taubenwerfer suchen. Die Taube setzen wir im Werfer mit dem Kopf nach vorne in den Wind hinein. Nun schicken wir mit unserer üblichen Körpersprache den Hund zum Freiverlorensuchen los und warten, bis er in die Nähe des Werfers kommt. Falls er vorher schon eine Ente apportiert hat, ist das kein Schaden. Sowie er aber in die Nähe des Werfers kommt, lösen wir diesen mittels Funk aus und lassen die Taube abstreichen. Das Schnalzen des Werfers wird den Hund noch aufmerksamer machen und die Taube wird sich gegen den Wind hochschrauben, um über das Schilf zu kommen. Erfahrungsgemäß ziehen die Tauben danach noch ein bis zwei Kreise, um sich orientieren zu können, und fliegen dann wieder nach Hause. Der Hund aber ist massiv abgelängt, äugt verdutzt der Taube nach und wird seine eigentliche Aufgabe vergessen. Nun haben wir die Möglichkeit wieder einzuwirken, rufen den Hund zu uns, setzen ihn erneut mit strikter Richtungseinweisung an und verlangen, dass er auch noch die letzte Ente bringt.

Freiverlorensuchen und Schleppenarbeit sind wertlos, wenn der Hund sie ohne diese von uns herbeigeführten Konflikte gelöst hat. Der Hund wird bei der ersten Verleitung durch lebendes Wild versagen.

Wassertraining

Voran ins Wasser

Wir haben ja unseren Welpen und Junghund schon gute Erfahrung mit dem nassen Element machen lassen und gehen daher froh gelaunt an einen Teich, wo wir den Hund ähnlich wie beim Freiverloren in eine Richtung einweisen und dann mit einem Klaps ins Wasser schicken. Der Hund wird das seichte Wasser annehmen und am Beginn vielleicht noch etwas zögerlich einsteigen. In diesem Augenblick werfen wir unbemerkt das Dummy von der Dummypistole über seinen Kopf hinweg ins tiefe Wasser hinaus.

Sowie der Hund das Dummy aufschlagen hört oder sieht, wird er es anschwimmen und aufnehmen. In diesem Moment rufen wir ihn, drehen uns um und gehen mit zügigem Schritt vom Ufer weg. Der Hund wird uns folgen wollen und meist an derselben Stelle aussteigen, an der wir ihn hineingeschickt haben.

In diesem Moment drehen wir uns sofort wieder um und nehmen ihm das Dummy ab. Dann schicken wir ihn wieder mit einem Klaps ins Wasser. Erst wenn er ein paar Meter hinausgeschwommen ist, werfen wir wieder das Dummy über seinen Kopf ins tiefe Wasser. Auf keinen Fall aber werfen wir das Dummy, wenn sich

Unser Hund wird mit einem bekannten Handzeichen voran ins Wasser geschickt.

Dann werfen wir ein Dummy über seinen Kopf hinweg, damit er noch weiter voraus schwimmt.

Unser Hund schnappt sich das Dummy und sucht damit das nächste Ufer.

Jetzt rufen wir ihn und gehen dabei ein paar Schritte zurück.

der Hund zu uns umdreht und schon auf den Wurf wartet. Damit erziehen wir uns höchstens einen Hund, der ständig am Uferbereich herumrandelt. Wir werfen also erst, wenn der Hund von uns weg schwimmt. Das ist besonders wichtig und wir brauchen es später auf Prüfungen und im praktischen Jagdbetrieb, um den Hund über eine Wasserfläche schicken zu können. Beispielsweise wenn vom anderen Ufer eine Ente zu bringen ist. Schritt für Schritt erweitern wir die Entfernung, die wir den Hund hinausschwimmen lassen, so lange, bis wir nach zahlreichen Übungen mit der Hand gar nicht mehr so weit werfen können. Jetzt setzen wir die Dummypistole ein und können damit Distanzen bis zu 60 Metern erreichen. Sie werden sehen, das macht Ihrem Hund richtig Spaß und wir können ihn dazu trainieren, kleinere Teichflächen oder schmälere Flussläufe ohne Weiteres zu durchrinnen und eben Wasserwild auch vom anderen Ufer verlässlich zurückzubringen.

Erst das Dummy hinauswerfen, wenn der Hund vorwärts schwimmt und nicht zurückschaut.

Stöbern und Freiverloren im Schilf

Diese beiden Fächer übe ich immer gemeinsam. Freiverloren haben wir ja schon gründlich durchgearbeitet und dabei auch schon Schilfflächen

Beim Stöbern im Schilfwasser findet der Hund immer eine Ente.

angenommen. Nun erweitern wir das Ganze und gehen in dickeres Schilf, beispielsweise in die österreichischen oder slowakischen Donauauen. Die erste Ente findet er dabei bereits nach wenigen Metern, dann muss er etwas weiter suchen und sukzessive steigern wir bei jedem Freiverloren die Entfernung. Selbstverständlich setzen wir unseren Hund dabei immer mit demselben Handzeichen und der gleichen Körpersprache an. Bereits nach einigen Kopplungen weiß der Hund:

Im Schilf gibt es immer eine Ente zu finden!

Bei der Prüfung setze ich meinen Hund dann zum Stöbern im Schilf genauso an wie zur Freiverlorensuche. Er stürmt los und ist davon überzeugt, dass es im Schilf wieder eine Ente zu finden gibt. Er wird suchen, suchen und suchen. Und das ergibt meist bei der Prüfung hohe Punkte beim Stöbern im Schilf. Im Jagdbetrieb begreift er diese Aufgabenstellung dann praktisch von alleine.

Schwimmspur

Auch hier stellt sich die Frage, ob die Schwimmspur noch zeitgemäß ist? „Selbstverständlich", würde ich sagen und kann an dieser Stelle nur allen danken, die darum gekämpft haben. Seriöse Jagdhundeausbildung benötigt immer wieder auch die Arbeit an lebendem Wild, damit danach im Jagdbetrieb viel Tierleid verhindert werden kann. In Ländern, in denen die Schwimmspur für Ausbildungszwecke verboten ist, empfehle ich für Zuchthunde die Schwimmspur während einer Jagd abzuhalten, da der Tierschutz während der Jagdausübung anderen Voraussetzungen unterliegt. Abgesehen davon ist seit der neuesten österreichischen Masterarbeit von Frau Katharina Harmel die Tierschutzrelevanz der Schwimmspur eigentlich nicht mehr gegeben.

Ein empfohlenes Lernen durch Tradieren funktioniert gerade in diesem Fall überhaupt nicht. Wenn der jüngere Hund das vom älteren lernen soll, so eifert er ihm nur stürmisch nach und zerstört sich damit jede Schwimmspur.

Wir beginnen mit einer durch ein Kreppklebeband nur vorübergehend flugunfähig gemachten Ente und setzen diese zuerst einmal in einem deckungsreichen Feuchtraum aus. Wenn das Kreppklebeband dann später nass wird, geht nämlich nach einigen Minuten die Klebefläche wieder auf. Die Ente wird gleich versuchen wegzulaufen und wenn sie außer Sicht ist, setzen wir unseren Hund 1–2 Meter vor dem vermeintlichen Anschuss an. Zieht unser Hund in die richtige Richtung, so lassen wir die Leine um den

Erst wenn die Ente in Deckung ist, wird der Hund angesetzt.

Unser Hund soll möglichst ruhig das Wasser annehmen, damit er sich nicht die Schwimmspur zerstört.

Wenn es dem Hund dann gelingt, die Ente auf die offene Wasserfläche hinauszudrücken ...

... schießen wir ihm die Ente vor.

Hals herum auslaufen und den Hund frei und ohne Halsung suchen. Ein seichter Bachlauf eignet sich zum Beispiel dazu. Auf so einem Boden ist der Hund noch der schnellere und unser Motto heißt ja, lernen durch Erfolg. Damit meine ich, dass der Hund gerade bei der ersten „Schwimmspur" eine potenzielle Chance bekommen muss, die Aufgabe für sich positiv zu lösen. Erst dann gehen wir mit der nächsten Ente in einen kleinen Teich. Wir achten dabei auf ausreichende Schilfdeckung für die Ente (beachten Sie die Tierschutzgesetze Ihres Landes). Dort bereiten wir uns darauf vor, die Ente eventuell vor dem Hund zu erlegen. Damit können wir uns in den Augen unseres Hundes wieder einmal als Leitwolf etablieren. Es ist wichtig, dass auch diese Ente für den Hund zur Beute wird, welche er uns anschließend bringen kann. Bei der dritten Schwimmspur dann vergrößern wir nur mehr die Distanz. Vielleicht strecke ich mich ein wenig nach der Decke, wenn ich sage, dass drei gut angelegte und erfolgreiche Schwimmspuren für unseren Hund ausreichend sind.

Die erste Schwimmspur muss ein Erfolgserlebnis für unseren Hund werden.

Er kann dadurch die Beute einholen ...

... und uns freudig ans Ufer bringen. Ein Erfolgserlebnis für den Hund!

Wundfährte

Graue Nebelschleier stiegen an einem Septembermorgen durch die Erwärmung der Sonne langsam bergwärts und der Wind kam auf einmal schubweise von hinten. Verflixt, dachte ich, ist Hubertus in dieser Hirschbrunft überhaupt nicht mehr auf meiner Seite? Da hörte ich es nur fünfzig bis sechzig Gängen von mir entfernt im Unterholz brechen. Kurz danach schob sich ein roter Wildkörper mit guten Stangen aus dem Holz. Bei dem ständig drehenden Wind blieb mir nicht viel Zeit zum Ansprechen und ich röhrte ihn daher kurz einmal an. Der Hirsch blieb brettelbreit auf einer offenen Schneise stehen und hielt für ein paar Augenblicke inne, um nach seinem vermeintlichen Rivalen zu sehen. Die wenigen Sekunden musste ich nutzen, um an seinem Geweih und

Wildbret Maß zu nehmen. Der erste Eindruck zeigte eine Stangenlänge von ungefähr 90 cm ohne Kronen und ein Körpergewicht des Voralpenhirsches von circa 150 kg. Aufgrund des Trägers ging ich von einem Alter von neun bis zehn Jahren aus. Klasse I und II waren für mich im Hegering frei und dieser Hirsch passte auf jeden Fall. Schnell den Bergstutzen an die Wange, bevor wieder ein Nebelschub von hinten dem Hirsch meine Rasierwassermarke verriet. Am Vorderlauf hoch bis zur Schulter und dann noch etwas zurück in den Wildkörper hinein und schon flog die 30 R Blaser aus dem Lauf. Für einen Bruchteil einer Sekunde hob sich das Gewehr und ich sah keinen Hirsch mehr. Danach hörte ich es im Unterholz nur mehr kurz brechen. Nein, dachte ich, also heute ist wirklich nicht mein Tag. Endlich ein passender Hirsch und dann bleibt er nicht im Feuer liegen. Was nun, jetzt war guter Rat teuer.

Nach einer guten Viertelstunde Wartepause, welche den Hirsch krank werden lassen sollte, baumte ich ab und brach zu meinem Geländewagen auf, um meine Drahthaarhündin zu holen. Heike hatte schon einige leichtere Nachsuchen erfolgreich abgeschlossen, aber für eine Fährtenarbeit auf einen Erntehirsch war sie mir eigentlich noch nicht reif genug. Egal, was soll's. Irgendwann ist eben das erste Mal. Also setze ich nach einer weiteren guten Stunde Wartezeit, welche ich mit einer Revierrunde verbrachte, die junge Hündin an dem vermeintlichen Anschuss an. Dort gab es zwar keinen Schweiß, aber einige besonders tiefe Schalenabdrücke. Sofort saugte sich die braune Hündin an dieser Fährte fest und zog mich schnurstracks ins Dickicht hinein. Da ging es gleich einmal steil bergab und ich stolperte, weil mir ein Schuhband aufging. Die Bauchlandung war nicht ganz weich, da unzählige spitze Äste auf dem Boden lagen und ich meine fast zu stürmische Hündin festhalten musste. Da sah ich mit zerkratztem Gesicht ein paar Schweißtropfen vor mir auf der Fichtenstreu. Ich krabbelte mit gutem Gefühl hoch, band meinen Bergschuh wieder zu und weiter ging die Nachsuche in ein Bachbeet. Den Bachlauf ungefähr zwei- oder dreihundert Meter entlang, dann wieder bergauf in einen eher lichten Hoch wald. Bisher folgte ich der Hündin in blindem Vertrauen, aber als es wieder bergan ins hohe Holz ging, quälten mich doch Zweifel und ich hatte Bedenken. Ein krankes Stück geht doch nicht bergauf und schon gar nicht in einen lichten Wald. So steht es doch in manch schlauem Buch, oder etwa nicht? Viel Zeit zum Überlegen war nicht, also folgte ich der Hündin weiter durch einige Brombeerhecken, wieder in einen Graben und wieder in einen Bach. Dort lag plötzlich, in vielleicht vierzig Metern Entfernung, der Aufhabende und äugte uns mit stechendem Blick an. Während ich die Hündin auf Platz verwies und ihr blitzschnell die Uwe-Heiß-Halsung öffnete, stemmte er sich mit schweren Bewegengen hoch. Ich riss den Bergstutzen von der Schulter und wollte die große Kugel mitten in seinen Körper setzen. Doch es machte nicht einmal klick, denn ich hatte vergessen nachzuladen. Zurück mit dem Finger zur kleinen Kugel und gleichzeitig den Schieber wieder vor und schon krachte der Schuss auf den mittlerweile flüchtigen Hirsch, den die Hündin aber auch schon verfolgte und einholte. Keine Ahnung, ob der zweite Schuss überhaupt darauf war, jedenfalls hatte sich die Drahthaarige bereits von unten in seinen Träger verbissen, bevor der Aufhabende sie mit seinen Stangen noch abwehren konnte. Das wilde Beuteln und Schütteln, die Hündin ließ nämlich nicht mehr von seinem Träger ab, benutzte ich, um nachzuladen und anschließend auf kurze Entfernung einen letzten erlösenden Fangschuss anzubringen.

Es zahlt sich also immer aus, einen guten Hund zur Hand zu haben.

Woraus aber besteht so eine Wundfährte eigentlich?

Eine Wundfährte besteht hauptsächlich aus Individualgeruch, Bodenverwundung und gegebenenfalls auch aus Schweiß. Der Individualgeruch verflüchtigt sich am schnellsten und wir haben noch nicht sehr viele praktische Erkenntnisse über ihn. Befassen wir uns daher mit den beiden anderen Geruchsträgern und fahren mit der Frage fort:

Und woraus besteht Schweiß oder Blut?

Schweiß ist eine Körperflüssigkeit von Wirbeltieren oder besser gesagt ein Gewebe.

Es besteht aus zwei Hauptkomponenten:

Blutflüssigkeit 55 % = Blutplasma

feste Bestandteile 45 % = Blutzellen

Füllt man Blut in ein Gefäß und lässt es einige Zeit ruhig stehen, kann man beobachten, dass sich die festen Bestandteile (Blutkuchen) am Boden absetzen.

Das Blutplasma besteht zu über 90 % aus Wasser. Es transportiert die in ihm gelösten Stoffe wie Eiweiße, Mineralstoffe, Spurenelemente, Hormone, Kohlendioxid usw. an ihren Bestimmungsort. Die festen Bestandteile, die Blutkörperchen, sind in drei Hauptgruppen unterteilt und haben folgende Aufgabe:

Rote Blutkörperchen transportieren den Sauerstoff im Blut. Durch den Blutfarbstoff binden sie Sauerstoffmoleküle und geben diese an die Körperzellen ab. Außerdem ergibt eine bestimmte individuelle Eiweißkombination die Blutgruppe.

Weiße Blutkörperchen sind für die Abwehr zuständig. Sie reagieren auf körperfremde Stoffe wie fremde Eiweißketten – zum Beispiel Krankheitserreger – oder Fremdkörper und versuchen sie zu zerstören und abzubauen, das entstehende Produkt wird Eiter genannt.

Die *Blutplättchen* wiederum sind für die Blutgerinnung zuständig. Kommt es zu einer Verletzung versuchen sie selbst die Wunde zu schließen (gelingt aber nur bei kleinen Wunden) und lösen gleichzeitig eine chemische Reaktion im Körper aus, die dann den Wundschluss erst ermöglicht. Beim Gerinnen des Bluts an der Luft scheidet sich der Blutfaserstoff „Fibrin" ab und unterstützt das Schließen der Wunde durch Krustenbildung.

Tritt Blut aus dem Körper aus, so kommt es an der Luft zu verschiedensten Veränderungen. Das Blutplasma vertrocknet, Eiweiß fällt aus und gerinnt. Die Blutkörperchen sterben ab, es beginnt die Verwesung, Stresshormone werden an die Luft abgegeben, was einen ganz besonderen Geruchscocktail ergibt.

Als Nächstes stellt sich dann natürlich die Frage:

Was bewirkt die Bodenverwundung?

Beim Berühren von weichen Untergründen, wie Wald-, Wiesen- und Ackerböden, werden Mikroorganismen zertreten und ein fortlaufender Prozess beginnt. Beim Berühren von harten Böden wie Asphalt, Schotter oder Felsen reiben sich oft die Schalen oder Krallen ab. Wir können daraus schließen, dass durch die Bodenverwundung einerseits und durch den Schweiß andererseits zwei unterschiedliche chemische Prozesse beginnen. Erfahrungen haben gezeigt, dass diese Prozesse sich erst ungefähr ab 4 Stunden voll entwickeln können und erst nach circa 12 Stunden wieder schwächer werden. Bei Versuchen konnten Fachleute beobachten, wie erfahrene Schweißhunde selbst nach 50 Stunden die Bodenverwundung noch finden und halten konnten, den Schweiß aber nicht mehr. Da stellt sich natürlich die Frage, ob wir unseren Hund nicht nur auf die Bodenverwundung trainieren sollen. Das wird auch von vielen Nachsuchespezialisten gerne in der Praxis so gemacht. Der Schweiß auf der Wundfährte ist aber für den Augenjäger Mensch der sichere Beweis, dass unser Nasenjäger Hund richtig ist. Es wäre auch recht praktisch, wenn unser Nasenjäger uns hin und wieder ein paar Pirschzeichen verweisen könnte. Daher möchte ich von Anbeginn beides gemeinsam trainieren. Von primärer Bedeutung ist aber zweifelsohne die Bodenverwundung, weil uns nur die Schalenabdrücke sicher bis zum kranken Stück führen. Die Wunde kann sich unterwegs schließen und es gibt dann oft keinen Schweiß mehr auf der Wundfährte.

Was nützt und was schadet diesen beiden chemischen Prozessen?

Kühle und feuchte Witterung und Böden helfen sehr und erleichtern die Arbeit unseres Nasenjägers. Trockene und heiße Witterung und Böden hingegen erschweren seine Arbeit. Es kann aber auch ein heftiger Gewitterregen den Schweiß wegspülen und die Bodenverwundung auswaschen. Andererseits kann sich über eine Wundfährte im Schnee über Nacht eine Eisschicht bilden und keine Düfte mehr herauslassen. Taut der Schnee aber auf, haben die chemischen Reaktionen beste Bedingungen sich voll zu entwickeln.

Dann stellt sich noch die Frage:

Wie viel Schweiß kann ein krankes Stück eigentlich verlieren?

Durchschnittlich kann krankes Wild bis zur Hälfte seines Blutes als Schweiß verlieren. Verliert es mehr, ab ungefähr zwei Drittel, so wird es bewusstlos und bricht zusammen. Dass größeres und schwereres Wild einerseits volumenmäßig mehr Schweiß verlieren kann und andererseits durch das höhere Gewicht auch stärkere Bodenverwundung hinterlässt, erscheint somit logisch. Das landläufige Vorurteil, Rehwildnachsuchen wären leichter, hingegen nicht. Rehwild erzeugt ja von unseren Schalenwildarten die geringste Bodenverwundung und verliert mengenmäßig den wenigsten Schweiß. Es ist vielleicht nicht so schusshart wie Schwarzwild, aber die Verleitfährten von gesunden und verwandten Rehwild in den kleinen Territorien stellen noch eine weitere Schwierigkeit für unseren Nasenjäger dar. Oft bleibt nämlich die Mutter in der Nähe des beschossenen Kitzes und umgekehrt sowieso. Ja, und wie sollen wir all das unserem Jagdgefährten vermitteln?

Hunde haben ein Bausteindenken

Machen wir doch einen kleinen Exkurs zur Drogenhundausbildung. Dort muss ein Hund mehrere verschiedene Rauschgiftarten finden. Das wird mit einem Multidummy trainiert, in dem alle Drogen verpackt sind. Findet er, so soll er das Dummy apportieren, oder wenn das nicht möglich ist, muss er es verbellen. Wenn später dann im Einsatz der Spürhund nur eine Rauschgiftart findet, so reagiert der Hund sofort richtig und erfüllt problemlos seine Aufgabe. Er stellt sich nicht die Frage: Wo sind den all die anderen Drogen hin? Sehen Sie, das ist die Parallele zu unserer künstlichen Wundfährte mit dem Fährtenschuh. Im Training riecht unser Hund den Fährtenschuh, die Bodenverwundung durch die Schalen, den Schweiß und unseren Schuhabdruck. Im späteren Einsatz dann, hat er oft nur mehr die Bodenverwundung durch die Schalen und findet trotzdem zum Stück. Genug der Theorien, lassen Sie uns endlich mit der praktischen Ausbildung beginnen:

Schritt 1:

Wir spritzen unserem Hund eine schnurgerade, ungefähr 50 Schritt lange Schweißfährte und legen, so ungefähr alle halbe Meter, ein Pansenstück hinein. Der hungrige Hund arbeitet sich von Pansen zu Pansen vor und zieht dabei den Schluss, dass es ganz toll ist, dem Schweiß und den Schalenabdrücken zu folgen. Am Ende der ersten Fährte liegt noch gar nichts. Wir tragen ihn dort einfach ab.

Die Bodenverwundung durch die Schalen ist noch wichtiger als der Schweiß.

Rohe Pansenstücke eignen sich als Belohnung am besten, weil sie jedem Hund schmecken und im Gegensatz zu Hundebiskuits nicht erst lange eingespeichelt und gekaut werden müssen.

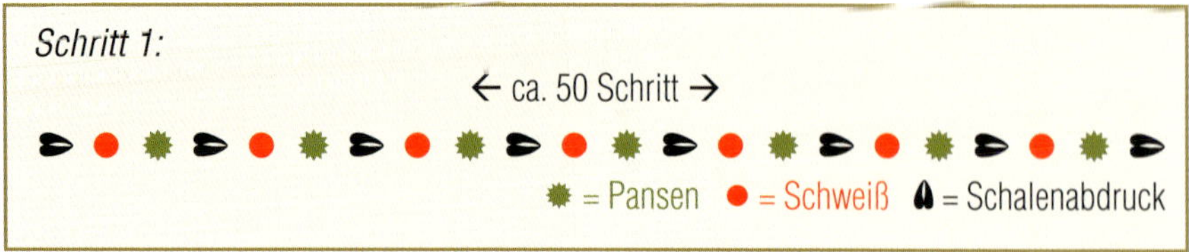

Schritt 2:

Wir fingieren einen Anschuss, indem wir ein Quadrat in der Größe unserer Fährtenschuhe zusammenstampfen und in jedes Eck wieder ein Pansenstück legen. Unser Hund wird angesetzt und lernt dabei, dass es sich lohnt, den Anschuss ringsherum ganz genau zu untersuchen. Danach wird er wieder abgetragen.

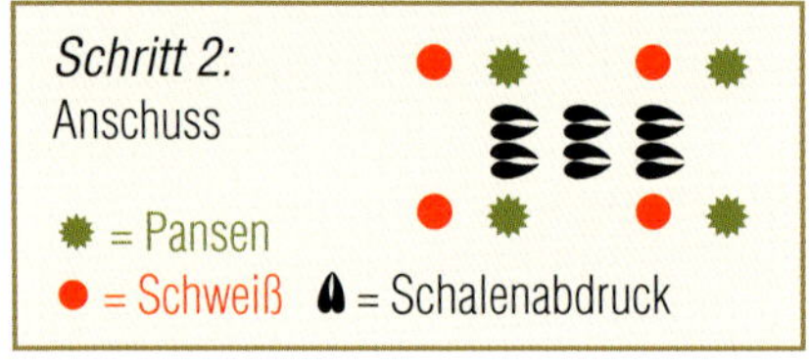

Schritt 3:

Wir führen Schritt 1 und 2 einfach zusammen, indem wir nach dem Anschuss gleich eine 50 Schritt lange Fährte spritzen. An deren Ende stampfen wir wieder den Boden zusammen wie beim Anschuss und fingieren ein Wundbett. In das Wundbett legen wir wieder in jedes Eck ein Pansenstück. Dann spritzen wir wieder eine gerade Wundfährte in einem ungefähren Winkel von 45 Grad weiter. Am Ende liegt noch immer nichts. Dort angekommen tragen wir unseren Hund wieder ab.

Jetzt in dieser Anfangsphase ist nur der Weg das Ziel. Durch die zu Beginn noch zahlreichen Pansenstücke wird der hungrige Hund stark motiviert, dem Schweiß und den Schalenwildabdrücken zu folgen. Die Pansenstücke werden jedoch mit jeder zu arbeitenden Fährte weniger und die Wundbetten und die geraden Fährten dazwischen mehr und länger. Bei der nächsten Fährte liegen die Pansenstücke schon einen Meter auseinander,

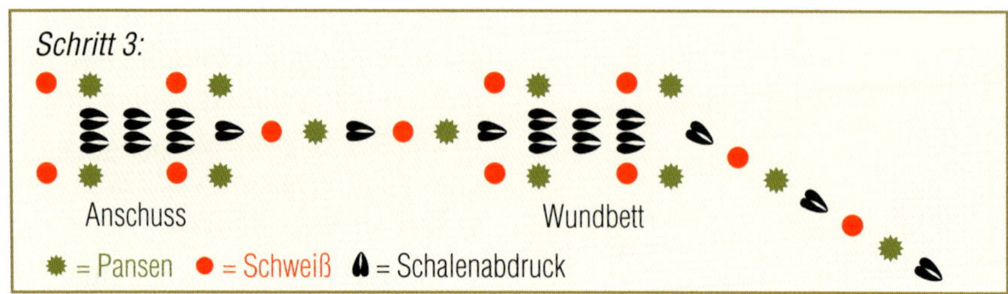

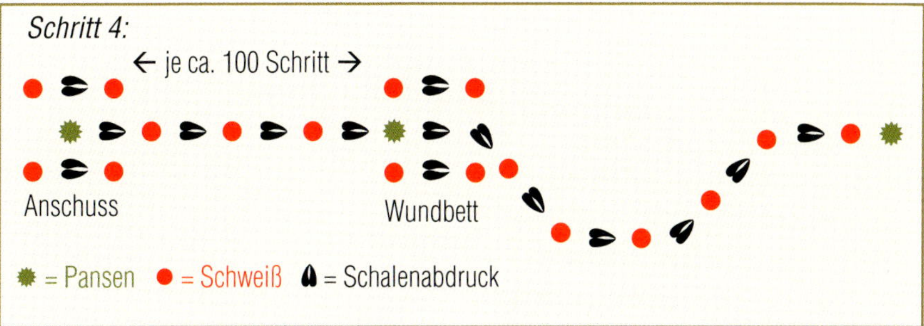

dann sind sie nur noch alle zwei Meter zu finden und so weiter. Der Sinn der Sache ist es ja nicht, dass unser Hund nur mehr Futter im Wald sucht. Vielmehr soll er durch das genaue Folgen der mit Fährtenschuhen getretenen und mit Schweiß gespritzten Fährte immer wieder belohnt werden. Kommt er nämlich mehr als einen Meter von der Fährte ab, so werden wir sofort korrigieren und eingreifen. Bleibt er darauf, so findet er ja gleich wieder ein belohnendes Pansenstück. Das bedingt natürlich, dass wir uns unsere Fährte bestens markiert haben und wirklich jeden Meter des Fährtenverlaufes kennen. Gleichzeitig erhöhen wir auch die Stehzeit unserer Fährtenarbeit. So lange, bis wir nach dem Anschuss fünf gerade Fährtenteile mit einem Wundbett und mindestens vier Stunden Stehzeit haben.

Schritt 4:

Wir spritzen und treten eine Fährte mit einem Anschuss und folgender Geraden von 100 Schritt, einem Wundbett, einer anschließenden Geraden von 100 Schritt im 45-Grad-Winkel, wieder eine Gerade mit 100 Schritt, diesmal in einem Winkel von 135 Grad, sodass wir wieder in dieselbe Richtung weiter gehen. Dann abermals ein 45-Grad-Winkel, um auf die Ausgangslinie zurückzukommen, mit wieder einer 100 Schritt langen Geraden und zuletzt wieder ein 135-Grad-Winkel und eine letzte 100-Schritt-Gerade. Das klingt sehr kompliziert, sieht aber ganz einfach aus und ist außerdem eine häufig eingesetzte Prüfungsfährte. Pansen liegt bei dieser Fährte nur mehr je 1 Stück am Anschuss, im Wundbett und am Fährtenende.

Ritual

Ab jetzt führen wir auch ein Ritual ein. Unser Hund wird einige Meter vor dem Anschuss mit dem Rucksack abgelegt und muss so lange warten, bis wir den Anschuss begutachtet haben. Dann erst wird der Schweißgurt aufgerollt, die Halsung angelegt und unser Hund langsam und in Ruhe angesetzt

Merke:
Wenn unser Hund bei dieser für ihn lohnenden Ausbildung versagen sollte, so hat er wahrscheinlich noch nicht verstanden, dass ihn nur die Schalenabdrücke und der Schweiß zum nächsten Pansenstück führen. Beginnen Sie dann wieder bei Schritt 1, auch wenn Sie schon viel weiter waren. Ein paar kurze, gerade und leichte Fährten mit Pansen bauen auf und motivieren wieder zu weiterem Training.

So, wenn wir diesen Ausbildungsschritt also erreicht haben, machen wir uns Gedanken, wie wir unseren Hund am Fährtenende belohnen möchten. Das Naheliegende für einen hungrigen Hund wäre natürlich eine volle Futterschüssel. Diese hat aber im Fall von Verleitfährten erstaunlich wenig Reiz. Das heißt, in dem Moment, in dem unser Hund durch eine frische Rehfährte in Versuchung geführt wird, ist ihm die Futterschüssel am Ende der Fährte völlig egal. Zu den Verleitungen kommen wir später, vorher möchten wir unserem Hund aber eine kleine Freude am Fährtenende bereiten.

Wichtige Utensilien: Signalhalsung, Markierungsbänder, Fährtenschuhe, Uwe-Heiss-Halsung und Gurtriemen.

Ein frisch geschossenes Stück Wild, welches wir vor ihm dann aufbrechen und ihn damit genossen machen, ist sicherlich ideal. Wir benötigen aber wahrscheinlich mehr Übungsfährten, als uns frisch geschossenes Wild zur Verfügung steht. In diesem Fall legen wir eine naturgegerbte Wilddecke, die auch schon etwas stärker riechen darf, mit der Innenseite nach oben an das Fährtenende. Beim Naturgerben wird die frisch abgezogene Decke an der Innenseite eingesalzen und 1 bis 2 Tage in die Sonne gelegt. Das Salz entzieht die Feuchtigkeit, welche in der Sonne dann verdunstet. Die Decke rollt sich dabei an den Enden etwas ein, sodass man sie dort mit einem Stein beschwert. Für die ersten paar Male wird das einem jungen Hund genügend Anregung bieten. Irgendwann gewöhnt er sich aber daran und es ist für ihn dann kein besonderer Reiz mehr, an das Fährtenende zu kommen. In dieser Phase hauchen wir der Wilddecke neues Leben ein. Wir legen sie rein zufällig in die Nähe eines Hochstandes, binden eine dünne Nylonschnur daran, die ein Weidkamerad auf dem Hochstand in Händen hält. Kommt unser Hund dann wie gewohnt an das Fährtenende, so zieht unser Freund auf dem Hochstand ein wenig an der Schnur und die altgewohnte Wilddecke fängt an sich zu bewegen. Sie werden sehen, das macht Eindruck. So mancher Hund verbellt die künstliche Beute, andere fassen zu und wollen sie packen. Das Beutemachen hat eben eine noch höhere Rangordnung für den Hund als das Fressen, kommt es doch im jagdlichen Triebablauf des Wolfes auch immer vor dem Fressen.

Achtung:
Dieser Trick eignet sich nicht für Bringselverweiser. Ein Hund, der mit seiner Beute raufen darf, verweist anschließend nicht mehr ordentlich mit seinem Bringsel.

Erlerntes Verhalten absichern

Wenn diese Prüfungsfährte mit einer Mindeststehzeit von 4 Stunden also sitzt, dann müssen wir das Erlernte absichern. Dazu provozieren wir einen Konflikt.

Schritt 5:

Wir spritzen und treten ähnlich wie bei Schritt 3 einen Anschuss, eine Gerade von 100 Meter, ein Wundbett, wieder eine Gerade von 100 Meter im 45-Grad-Winkel und ein Fährtenende mit naturgegerbter und wiederbelebter Wilddecke. Dann ziehen wir, kurz vor dem Abgehen der Fährte, über die erste Gerade ein frisch abgeschlagenes Kaninchen, das auch noch etwas

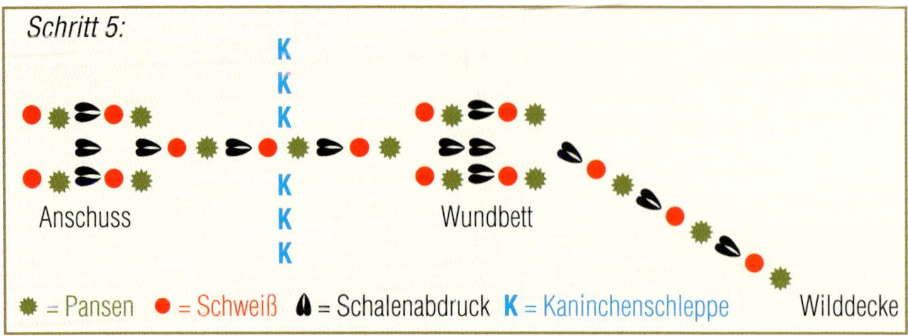

schweißen sollte. Die Stelle markieren wir uns natürlich ganz genau, denn unser Hund wird zu 99 % diese frische Verleitung annehmen und wir haben dann die Möglichkeit gleich zu korrigieren. Danach gehen wir also die Fährte ab, unser Hund kommt zu der ebenfalls schweißenden Kaninchenschleppe, nimmt sie natürlich an, wird auf einmal schneller und biegt ab. Wir geben ihm maximal 2 Meter an der Verleitung und wirken dann korrigierend ein. Da stellt sich aber gleich die Frage, auf welche Weise wir diese Korrektur durchführen sollen.

Ein Leinenruck am Schweißriemen ist völlig unpassend, denn bei weiteren Fährten wird der Riemen noch ein paar mal an Ästen hängen bleiben, dem Hund einen Ruck geben und das Missverständnis auslösen, gerade korrigiert worden zu sein.

Wir setzen daher einen scharfen Haltbefehl. Wenn dieser vom Hund missachtet wird, wirke ich mit dem Pager des Telereizgerätes ein. Durch die vorangegangene Ausbildung hat mein Hund gelernt damit umzugehen und wird ohne Leinenruck Halt machen. Dann holen wir ihn wieder auf die richtige Fährte, wo er gleich wieder ein Pansenstück als Belohnung findet und am Fährtenende wieder zu der scheinbar noch lebenden Wilddecke kommt.

Die Botschaft lautet:
Wenn du mich mit einer Verleitschleppe betrügst, musst du sofort in die Haltlage gehen. Bleibst du aber auf der richtigen Fährte, wirst du mit Pansen und Ersatzbeute belohnt.

Die Ansicht hingegen, dass man auf der Wundfährte überhaupt nicht korrigieren darf, sondern den Hund nur loben, vermittelt dem Hund unser Unvermögen. Er merkt dabei recht bald, dass wir nichts riechen und die natürliche Fährte selber gar nicht halten können. Damit wären wir ihm aber ausgeliefert und er könnte mit uns tun und lassen, was er will, wird er doch immer nur gelobt. Wir aber geben ihm im Training die Sicherheit, dass wir jeden Meter unserer Fährte selber ganz genau kennen. Nach diesem entscheidenden Ausbildungsschritt legen wir zukünftige Fährten in Rehwechsel hinein und gehen über Saukirrungen, um ja keine Verleitung auszulassen. Wir suchen den Konflikt, denn nur der korrigierte Konflikt zeigt dem Hund die Lösung, auf der richtigen Fährte belohnt zu werden. VGP-Fährten beispielsweise sollten erst nach 4 Stunden abgegangen werden, weil sich ja erst dann der Geruch voll entwickelt hat. Danach aber ist eine 500-Schritt-Fährte mit einem Viertelliter Schweiß keine schwere Aufgabe mehr, gleicht sie doch fast schon einem Dufthighway, der sich durch den Wald zieht. Erstlingsführer machen meist den Fehler, viel zu viel Schweiß zu spritzen, weil sie glauben, ihrem Hund dadurch die Aufgabe zu erleichtern. Zieht man aber einen wahren Duftkanal durch die Flora und macht dem Hund die Arbeit so leicht, so wird er bald die Nase aus der Fährte heben und nach frischen Verleitungen suchen. Meiner Erfahrung nach arbeiten die Hunde viel bes-

Anschuss und Wundbett werden gut verbrochen.

Wir müssen jeden Meter der Fährte genau kennen.

Dunkler Schweiß deutet auf einen Leberschuss hin.

ser, je weniger Schweiß ich verspritze. Ein Achtelliter auf 500 Schritt macht die Sache erst wirklich interessant für den Hund. Selbstverständlich etwas mehr Schweiß am Anschuss, im Wundbett, bei den Winkeln und dann die letzten 100 Meter auch wieder etwas mehr. Auf den geraden Strecken aber eher sparsam spritzen, ist meine Empfehlung.

Die wahre Schwierigkeit an der künstlichen Wundfährte ist nicht das Halten derselben, sondern das Ablassen von Verleitfährten.

Ruhiges Ansetzen ist sehr wichtig.

Wenn sich unser Hund angesaugt hat, braucht er mehr Riemen.

Beim Stück angekommen zeigen wir unsere Freude.

Wie trainieren wir das Verweisen von Pirschzeichen:

Glauben Sie ja nicht, dass Ihr Hund Ihnen zuliebe Pansen-, Leber- oder Wildbretstücke verweist. Er hat sie nämlich alle zum Fressen gerne. Nur wenn Sie in seiner unmittelbaren Nähe sind, können Sie durch Ihre Autorität erreichen, dass er sie nicht hinunterschluckt. Loben Sie ihn daher, wenn er auf der künstlichen Wundfährte von uns ausgelegte Pirschzeichen gefunden hat, sich umdreht und zu Ihnen blickt. Später sind diese Pirschzeichen nützliche Bestätigungen für uns, dass wir auf der richtigen Fährte sind. Für das Training können wir zum Beispiel auf der Fährte eine kleine Hundefutterdose eingraben, die mit zahlreichen Luftlöchern versehen ist, sodass der Futterduft auch leicht die Nase des Hundes erreichen kann. Darüber ein wenig Erde oder Laub und dann ein Pansenstück obendrauf. Unser Hund kommt, frisst wie gewöhnlich den Pansen und riecht, dass es darunter noch etwas Leckeres gibt. Er wird Erde und Laub wegschieben, um auch noch an die Futterdose zu kommen. Nach zahlreichen Wiederholungen erreichen wir damit, dass er nach jedem gefundenen und womöglich verschluckten Pirschzeichen zu graben beginnt. Auf der natürlichen Wundfährte sieht dann aber alles wieder ganz anders aus. Beobachten Sie ihren Hund gut, dann werden Sie vielleicht sehen, wenn er kurz verweist und vielleicht schluckt. Ist er aber knapp am Wild oder lebt das Wild noch, so wird er sich sicherlich nicht mehr die Zeit nehmen, in unserem Sinne zu verweisen.

Wie trainieren wir das Verweisen, wenn der Hund das Stück gefunden hat?

Praktisch jeder junge Hund, der ein gutes Verhältnis zu seinem Führer oder seiner Führerin hat, zeigt es durch besondere Freude, Hochspringen oder vielleicht sogar Bellen, wenn er ein Stück Wild gefunden hat. Ja, die meisten Hunde haben geradezu das Verlangen, ihrem Leitwolf die Beute zu zeigen. Sie müssen ihren Hund nur gut beobachten und ihm nachgehen. Neigt er zum Lautgeben und haben Sie vorher schon ein Lautgeben auf Kommando trainiert, so lässt sich daraus ein lautes Verweisen für die Prüfung ausbauen. Ist er aber nicht so lautfreudig und apportiert er lieber, so bietet sich eher die Laufbahn des Bringselverweisers an. Totverbeller von Geburt an gibt es nur wenige, weil es für den jungen Hund mit guter Orientierung viel natürlicher ist, zu seinem Rudelführer zurückzulaufen, als im Wald sitzen zu bleiben und um Hilfe zu rufen. Hunde, welche diese Veranlagung mitbringen, sollte man natürlich in diese Richtung fördern und aufbauen. Ansonsten hat das Totverbellen den besonderen Nachteil, dass man es oft nicht weit genug hört, schon gar nicht in Gebirgsgegenden, wenn der Hund im nächsten Tal sitzt. Das antrainierte Totverbellen ist meist nur ein Dressurakt, der zwar eine besondere Bestätigung für den Hundeführer bedeutet und bei der Prüfung auch ein paar wertvolle Zusatzpunkte bringt, für den jagdlichen Einsatz aber meist keine Bedeutung hat. Ich kannte einen Prüfungssieger, der perfekt bei jedem Reh stundenlang verbellt hat, bei der ersten natürlichen Nachsuche aber wurde der Bock noch einmal hoch. In Sekundenschnelle musste der Hund geschnallt werden, den hochflüchtigen Bock anhetzen, anspringen, niederziehen und abwürgen. Das war für den Hund aber sehr anstrengend und aufregend, sodass er völlig auf das andressierte Totverbellen danach vergessen hat. Er lief einfach wieder zu seinem Besitzer zurück und wedelte ganz aufgeregt. Er zeigte damit eigentlich ein natürliches Verweisen. Bleibt noch das Bringselverweisen, das getrennt von der künstlichen Wundfährte erlernt werden muss. Erst wenn beide Ausbildungswege funktionieren, führt man sie dann zusammen. Ich persönlich bevorzuge bei meinen Hunden dieses natürliche Verweisen. Sie kommen nach erfolgreicher freier Nachsuche gerne zu mir zurück, stoßen mich mit der Schnauze an und wedeln ganz aufgeregt. Dann nehme ich sie wieder an den Riemen und lasse mich zum Stück führen. Besprechen wir aber in der Folge das Bringselverweisen etwas genauer:

Bringselverweisen

Das Bringselverweisen kommt aus der Militärhundeausbildung und hat früher einmal geholfen, Verwundete zu finden. In Zeiten, wo wir Jäger noch bereit waren, auch von anderen Fakultäten etwas zu lernen, wurde es dann adaptiert und zum Bringselverweisen für gefundenes und verendetes Wild eingesetzt. Ist das Wild aber noch nicht verendet, sondern muss der Hund hetzen und niederziehen, so funktioniert meiner Erfahrung nach das Bringselverweisen nicht mehr. Trotzdem ist es recht praktisch, wenn ein Hund sicher mit dem Bringsel, besonders in unwegsamem Gelände, verweisen kann. Es erspart uns viel Mühe und Plage und rettet sonst oft verlorenes Wildbret.

Schritt 1:

Wir legen das Bringsel eines im Apportieren trainierten Hundes, der auch das Bringsel schon kennt, sichtbar auf ein frisch geschossenes Stück Wild. Dann schicken wir den Hund aus ein paar Meter Entfernung los, um dieses Bringsel zu apportieren. Unser Hund wird durch seine Neugier rasch zu dem Stück laufen und zuerst das frische Wild bewinden. Das darf er auch kurz einmal, aber dann wirken wir auch schon mit unserem Apportierkommando ein, damit unser Hund das Bringsel ordentlich apportiert. Erst wenn das nach unzähligen Kopplungen an unterschiedlichen Stücken und Decken funktioniert, gehen wir einen Schritt weiter.

Schritt 2:

Wir hängen das Bringsel an die Schweißhalsung unseres Hundes und schicken ihn zu der naturgegerbten Decke des damals frisch geschossenen Wildes. Sowie unser Hund an der Decke ankommt, wirken wir auch schon mit unserem Apportierkommando ein, damit er das Bringsel, welches an seiner Halsung herumbaumelt, aufnimmt und mit diesem im Fang zurückkommt. Nach zahlreichen Wiederholungen an unterschiedlichen Wild, Decken und Schwarten gehen wir dann zum nächsten Schritt.

Schritt 3:

Wir ziehen, von unserem Hund ungesehen, die nun schon gewohnte Decke hinter uns wie Schleppwild her und spritzen ein paar Schweißtropfen von diesem Stück dazu. Dann setzen wir unseren Hund wie auf einer Schleppe an und lassen ihn diese ausarbeiten. Beim Stück angekommen ertönt wieder unser Apportierkommando und unser Hund wird sein nun schon gewohntes Bringsel aufnehmen und damit im Fang zu uns zurückkommen. Beginnen Sie erst mit 30 Schritt und erweitern Sie langsam auf 50, 75 und 100 Schritt. Danach lassen Sie sich von Ihrem Hund, der das Bringsel noch im Fang hat, in freier Folge zum ausgelegten Stück führen. Wenn das funktioniert, probieren Sie das Ganze mit einer anderen Wilddecke, zum Beispiel vom Rotwild. Dann können Sie auch einmal ein frisch geschossenes Stück Wild ans Fährtenende legen.

Schritt 4:

Nun ziehen wir die Decke nur mehr stückweise hinter uns her, spritzen aber immer mehr Schweiß dazu. So lange, bis unser Hund dem nun schon gewohnten Schweiß 200 Schritt folgen und dort das Bringsel aufnehmen kann. Am besten eignet sich dazu eine Schneise in einem lichten Hochwald, wo wir die gesamte Strecke einsehen können. Wenn das funktioniert, nehmen wir wieder eine Decke und Schweiß von einer anderen Wildart. Dieses wichtige Ausbildungsziel haben wir erreicht, wenn unser Hund einem Achtelliter Reh-, Rot- oder Schwarzwildschweiß frei auf 200 Schritt folgen kann und am Ziel sein Bringsel aufnimmt, um damit zu uns zurückzukommen und uns anschließend zum ausgelegten Stück zu führen.

Die wirkliche Schwierigkeit beim Bringselverweisen ist nicht das Zurückkommen mit dem Bringsel im Fang, sondern das Halten der freien Schweißfährte.

Schritt 5:

Jetzt erst setzen wir die beiden Bausteine zusammen. Das heißt, an eine 500 Schritt lange Prüfungsschweißfährte mit einem Viertelliter Schweiß und 4 Stunden Stehzeit, die mit einem deutlich verbrochenen Wundbett endet, schließt eine gerade Schweißfährte mit 200 Schritt Länge und einem weiteren Achtelliter Schweiß an. Dieser muss der Hund frei, ohne Riemen, folgen können, am Stück das Bringsel aufnehmen und zu seinem Führer zurückkommen, um diesen dann in freier Folge mit dem Bringsel im Fang zum Stück zu führen.

Was tun, wenn unser Hund versagt?

Selbstverständlich gilt hierbei derselbe pädagogische Aufbau wie bei allen anderen Lernaufgaben. Sollte der Hund bei einem Lernschritt versagen, so gehen wir einen Schritt zurück und helfen ihm anschließend sein Problem zu lösen. Wie aber können wir auf unseren Hund Einfluss nehmen, wenn er bereits nach 100 Schritt die freie Schweißfährte verlässt, um einer Gesundfährte nachzugehen, oder in 200 Schritt Entfernung das frische Wild anschneidet, statt sein Bringsel aufzunehmen? Spätestens hier endet das Latein der Gutmenschen, die in der Hundeausbildung angeblich nur mit positiver Bestätigung auskommen. Ein Fehlverhalten kann man nämlich nicht wegloben, hat der deutsche Professor Wunderlich anlässlich eines Vortrages an der veterinärmedizinischen Universität Wien einmal gesagt. Wir könnten zum Beispiel Steinzeitmethoden anwenden und ihm mit der guten alten Steinschleuder (Zwille) eine aufs Fell brennen. Die Reichweite und die Trefferquote sind dabei allerdings sehr gering und tierschutzgerecht ist diese Sache auch nicht gerade. Dann haben wir noch die Möglichkeit, schreiend und brüllend durch den Wald zu laufen, um den Missetäter verbal zu schelten. Was diesen aber auf 200 Schritt Entfernung meistens nicht sehr beeindruckt. Oder wir gehen, unabhängig von der gesetzlichen Situation in den einzelnen EU-Ländern, einen modernen pädagogischen Weg und überbrücken die Entfernung mit Funkkontakt. Der zuvor richtig eingearbeitete Hund wird beim Verlassen der freien Schweißfährte auf der gut einsichtigen Waldschneise sofort mit einem Trillerpfiff und Pager zum Haltmachen veranlasst. Dann holen wir unseren Hund ab und setzen ihn in aller Ruhe wieder an der freien Schweißfährte an, damit er diese fertig ausarbeiten kann. Genauso pfeifen wir unseren Hund auf Halt, wenn er beim Zurückkommen das Bringsel fallen lässt. Wir gehen zu ihm, stecken ihm das Bringsel wieder in den Fang und rufen ihn dann erst zu uns, wenn wir wieder beim Ausgangspunkt angelangt sind. Ebenso können wir ihn beim Anschneiden trotz der Entfernung an den guten alten Brauch des Wolfsrudels erinnern, dass nämlich der Leitwolf zuerst frisst. Des Weiteren ist es auch hier wieder zu empfehlen, das erlernte Verhalten durch einen provozierten Konflikt abzusichern. Unser Hund muss aber vorher die Lösung des Konfliktes sicher erlernt haben.

Wie sehen die wichtigsten Schusszeichen aus?

Blattschuss

Vor allem beim Hochblattschuss werden auch beide Schulterblätter und die Wirbelsäule getroffen. Das Wild bricht im Feuer zusammen, es gibt daher meist keine Nachsuche.

Herzschuss

Durch diesen Tiefblattschuss zuckt das Wild zusammen und flüchtet mit gestrecktem Haupt meist nach vorne hoch weg. Wenn man das Wild krank werden lässt, sind das eher leichte bis mittlere Nachsuchen.

Lungenschuss

Das Wild schnellt nach vorne hoch und stürmt in hohen Fluchten fort. Der Schweiß ist hellrot und schaumig. Wenn man das Wild auch krank werden lässt, sind das meist leichte bis mittlere Nachsuchen.

Leberschuss

Das Wild zeigt eine verkrampfte, meist gerade Flucht und schlägt oft mit den Hinterläufen aus. Am Anschuss ist dunkelrotbrauner Schweiß. Wenn man das Wild krank werden lässt, sind das eher leichte bis mittlere Nachsuchen.

Weichschuss

Das getroffene Stück fährt heftig zusammen und schlägt mit den Hinterläufen aus. Danach zeigt es kurze Fluchten mit aufgeschobenem Rücken. Der Schweiß ist wässerig und meist mit grünem Panseninhalt versehen. Wenn man das Wild krank werden lässt, sind das mittlere bis schwere Nachsuchen.

Laufschuss

Durch das Zertrümmern der Röhrenknochen knickt das Wild ein und bricht meistens zusammen. Wenn es danach wieder hoch wird, sucht es sehr rasch das Weite. Oft gibt es

dabei keinen Schweiß. Laufschüsse führen immer zu schweren Nachsuchen, die nur von geübten Gespannen durchgeführt werden sollten.

Krellschuss

Bei Streifschüssen oberhalb oder unterhalb des Wildkörpers bricht das Wild sofort im Feuer zusammen und wirkt tödlich getroffen. Nach kürzerer Zeit wacht es aber wieder aus der Bewusstlosigkeit auf und sucht blitzschnell das Weite. Krellschüsse führen immer zu sehr schweren Nachsuchen, die nur von geübten Gespannen durchgeführt werden sollten.

Äser-/Gebrechschuss

Bei Äser- oder Gebrechschüssen bricht das Wild meist ähnlich wie bei Krellschüssen im Feuer zusammen. Es wird aber gleich wieder hoch und flüchtet sehr schnell mit schlenkerndem Haupt. Sauen klagen dabei oft

im Schuss. Am Anschuss findet man meist Zahnteile und nur selten Schweiß. Äser- und Gebrechschüsse führen immer zu sehr schweren Nachsuchen, die nur von erfahrenen Gespannen durchgeführt werden sollten.

Haben im Handyzeitalter Bruchzeichen noch einen Sinn?

Ja, ich finde schon. Erstens hat jedes Handy nur eine bestimmte Akkukapazität und im entscheidenden Augenblick verlässt einen dann womöglich die modernste Technik. Zweitens ist oft nicht in jedem abgelegenen Seitental ausreichender Empfang. Also möchte ich die gute alte Tradition unserer Bruchzeichen hier doch noch einmal kurz weitergeben, um die nonverbale Verständigung unter Jägern wieder zu fördern:

Die wichtigsten Bruchzeichen:

Anschussbruch

Wartebruch

Warnbruch

Fährtenbruch nach links

Wartebruch aufgehoben

Fährtenbruch nach rechts

Die Generalprobe: eine ideale künstliche Wundfährte

Wir erlegen beispielsweise ein Reh, brechen es auf und füllen den Schweiß in ein Fläschchen. Dann nehmen wir noch ein paar Pansenstücke und schneiden uns die Schalen ab. Als Nächstes legen wir das Reh an einem geeigneten Platz ab, spritzen anschließend von einem fingierten Anschuss aus eine Schweißfährte, welche wir selbstverständlich mit den Fährtenschuhen treten, in denen die betreffenden Schalen montiert sind, zu dem ausgelegten Stück hin. Unterwegs legen wir noch ein paar Pansenstücke aus, die wir mit etwas Erde oder Laub abdecken. Und schon kann unsere Generalprobe losgehen. Kommt unser Hund nach guter Arbeit zum Stück, so darf er es natürlich ausführlich bewinden und wird anschließend genossen gemacht. Die frische und sogar schon aufgebrochene Beute motiviert dabei jeden Jagdhund. Ich übe das auch mit fertigen und eingejagten Hunden einmal jährlich, wobei diese Hunde noch immer große Freude an dieser idealen künstlichen Wundfährte zeigen.

Feuertaufe: der erste Einsatz an krankem Wild

Fürchten Sie nicht den Ernst des Lebens. Ihrem Hund ist Ihre persönliche Reputation nämlich völlig egal, er will nur Beute machen. Nehmen Sie jede Nachsuche an, bei der ein Erfolgserlebnis für den Hund zu erwarten ist. Das sind Nachsuchen, bei denen wahrscheinlich nach ein paar hundert Metern das Stück verendet liegt. Am häufigsten sind das Herz- und Lungenschüsse. Pansen- und Leberschüsse gehen schon etwas weiter, sind aber auch noch sehr interessant. Lassen Sie aber in jedem Fall die Finger von Krell-, Lauf- und Gebrech- oder Äserschüssen. Das sind Aufgaben für Profis. Hören Sie sich die Geschichte des unglücklichen Schützen ganz genau an, vielleicht ist sogar etwas Wahres daran.

Verzeihen Sie ihm in dieser misslichen Lage jede Darstellung, die nur seinem Image als firmen Jäger dient. Setzen Sie Ihren Hund in aller Ruhe an und schenken Sie ihm volles Vertrauen. Wenn sich Ihr Hund an der Fährte festgesaugt hat, folgen Sie ihm durch dick und dünn, auch wenn der Schütze meint, dass die Richtung nicht stimmt. Ein Hund, der leichte Beute riecht, schert sich nämlich nicht um gesunde Verleitfährten und schon gar nicht um Anweisungen eines unglücklichen Schützen. Kriechen Sie mit Ihrem Hund, um dem kranken Wild zu helfen, auf allen vieren durch Schlehdorn- und Brombeerhecken und verzweifeln Sie nicht, wenn Ihr Hund auf einmal zurück sucht. Vielleicht arbeitet er einen Rückwechsel aus. Die legen vor allem Sauen gerne, bevor sie in einen bombensicheren Einstand zum Sterben einziehen. Verlieren Sie dabei Ihre Taschenlampe nicht und führen Sie Ihre Waffe stets sicher. Zeigt Ihnen Ihr Hund auf einmal das Wild, so machen Sie sich auf eine eventuelle Hatz gefasst. Halten Sie seine Halsung griffbereit zum Lösen und nehmen Sie die Waffe gut in die Hand. Wird nämlich bei der ersten natürlichen Nachsuche das kranke Wild noch einmal hoch, so haben Sie einen Sechser im Lotto. Lassen Sie Ihren jungen Hund anhetzen, er wird das Stück schon packen. Versuchen Sie der wilden und lauthalsen Hatz möglichst rasch zu folgen, um, wenn nötig, einen Fangschuss anzubringen. Hat Ihr Hund den Auftrag selbst schon erledigt, so brauchen Sie ihn deswegen gar nicht zu loben, Ihr Hund konnte sich dabei nämlich über eine einem Orgasmus ähnliche Ausschüttung von Glückshormonen freuen. Oder hat Ihr Vater vielleicht Sie gelobt, nachdem Sie Ihre erste Braut glücklich gemacht hatten? Diesen Tag wird Ihr Hund nie vergessen und fürderhin Wundfährten als seine Lieblingsaufgabe auf seiner Festplatte abspeichern. Ziehen Sie die gemeinsame Beute einfach auf die nächste Freifläche, brechen sie dort auf und machen Ihren frisch getauften Hubertusjünger genossen. Lassen Sie wieder Ruhe einkehren und genießen Sie diese Augenblicke in Ihrem Leben, bei denen eine Symbiose zwischen Mensch und Hund entstanden ist:

– Weidmannsheil –

Die misslungene Feuertaufe

Sollte Ihr Junghund jedoch nach einer vollen Stunde keinen Erfolg haben, so ziehen Sie ihn in aller Ruhe von der Nachsuche ab und ersuchen einen erfahrenen Hundeführer um

Hilfe. Erzählen Sie ihm Ihre Eindrücke und alle Details, auch wenn Sie glauben, dass Sie Ihrem Ruf schaden könnten. Es geht doch darum, die Leiden des kranken Wildes zu verkürzen und keine Leichen im Wald liegen zu lassen.

Ich habe auch schon erlebt, dass man aus Mitleid einen Erstlingsführer eine Nachsuche ermöglicht hat, bei der das beschossene Wild nur zwanzig Meter neben dem Anschuss lag. Die Weidkameraden glaubten etwas Gutes zu tun und dem Gespann einen leichten Erfolg zu ermöglichen. Der Hund aber dachte sich: *„Seid ihr alle blöd, dort drüben liegt euer Stück, das riecht doch jeder."* Daraufhin suchte er sich eine frische und gesunde Fährte und zog seinen Riemenhalter, oder besser gesagt Hundeführer, durch dick und dünn. Nachdem dieser irgendwann darauf kam, dass die Nachsuche nicht mehr stimmen konnte, brach er ab und seine Jagdfreunde zeigten ihm dann das verendete Stück nahe dem Anschuss.

Lassen Sie sich also nicht verheizen. Wenn die erste natürliche Wundfährte nicht klappt, geben Sie Ihrem Hund wieder ein Erfolgserlebnis an einer *„idealen künstlichen Wundfährte"*. Vielleicht kann er danach ein Stück packen und würgen.

Kontrollsuchen

Lassen Sie sich mit einem noch jungen und unerfahrenen Hund nicht auf sogenannte Kontrollsuchen ein. Was lernt unser Hund denn dabei, wenn das Stück wirklich nicht getroffen wurde? Er lernt, gesunden Verleitfährten nachzugehen. Das ist absolut kontraproduktiv und zerstört in kürzester Zeit die gesamte vorherige Ausbildung. Alte und erfahrene Hunde hingegen zeigen Ihnen sofort, ob das Stück krank ist oder nicht, unabhängig davon, ob wir Schweiß sehen. Sie vergeuden Ihre Kraft nicht mehr mit erfolglosen Hetzen an gesunden Rehen. Riechen alte Hunde aber Wundwitterung, so erwacht in ihnen das Raubtier und wir können ihnen sicher folgen.

Der ideale Hund

Der ideale Hund für die natürliche Wundfährte gehört nicht einer speziellen Jagdhunderasse an. Vielmehr sollte er drei Voraussetzungen erfüllen:

Spur- oder Sichtlaut, Schärfe und Wasserfreude.

Bei Hunden ohne Spur- oder Sichtlaut hören wir nämlich meistens nicht, wohin die wilde Hatz geht, nachdem sie ein Stück hoch gemacht haben.

Wir können ihnen daher auch nicht zu Hilfe kommen. Hunde ohne Schärfe wiederum müden krankes Wild immer wieder hoch, statt es zu packen und niederzuziehen. Das geht natürlich nicht immer bei Sauen, Hochwild und auch nicht immer bei Gams. Aber nur der ausreichend scharfe Hund bindet dieses Wild, bis sein Jäger kommt und einen Fangschuss anbringen kann. Außerdem verdient es auch der Fuchs nachgesucht zu werden und da ist Raubwildschärfe auch wieder gefragt. Ja, und dann zeigt die Erfahrung, dass krankes Wild immer wieder Wasser aufsucht, um seine Wunden zu kühlen. Deshalb empfehle ich, nur mindestens sichtlaute, raubzeugscharfe und wasserfreudige Hunde auf Schweißsonderprüfungen zu führen. Bei dieser Prüfung ist die künstliche Wundfährte mindestens 20 Stunden alt. Also bereits längstens in dem Zeitintervall, in dem die Kraft des Geruchscocktails schon wieder abnimmt. Weiterhin ist sie 1200 Schritte lang und es wird nur ein Viertelliter Schweiß verspritzt. Dabei wird mehr Leistung vom Hund verlangt, als er in seinem späteren Berufsleben erbringen muss. Nervöse, ungeduldige und ruhelose Hunde aber können sich dabei nicht ausreichend konzentrieren und verlieren daher frühzeitig die Prüfungsfährte.

Die meisten Rehbocknachsuchen finden dann in der Praxis aufgrund der Wildbrethygienevorschriften innerhalb von drei Stunden statt. An zweiter Stelle kommen aber bereits Überläufer, die irgendwann in der Nacht beschossen wurden und am nächsten Morgen oder Vormittag nachgesucht werden müssen. Dabei wird nicht nur ausreichende Schärfe, sondern auch Konzentration und Ausdauer verlangt. So gesehen also behält die Schweißsonderprüfung weiterhin ihren Sinn, und das gilt auch fürs Hochgebirge.

Erfolgreiche Nachsuchengespanne sind die höchste Stufe der Jagdausübung.

Diese Trainingsgegenstände und Geräte helfen uns bei der Ausbildung:

Moderne Fährtenschuhe bestehen aus einem massiven, aber leichten Metallrahmen. Die flache Sohle und der vordere offene Teil ermöglichen selbst in schwerem Gelände ein gutes Gehen. Da unsere Hunde ein Bausteindenken haben, schadet es überhaupt nicht, wenn in der Fährte auch Abdrücke von unserem Schuh zu finden sind. Der Hund weiß sowieso, dass es sich um eine künstliche Wundfährte handelt.

Diese verzinkten Fährtenschuhe sind außerdem leicht mit dem Gartenschlauch zu reinigen.

Trockenschweiß wird aus natürlichem Schweiß in einem Spezialverfahren gewonnen und bei ca. 300 Grad sprühgetrocknet. Trockenschweiß ist immer einsatzbereit, man bracht ihn nicht erst auftauen. Ich mische ihn oft mit meinem selbst gewonnen Naturschweiß.

Markierungsbänder sind für den exakten Fährtenverlauf sehr wichtig, damit wir immer wissen, ob unser Hund sich noch auf der Fährte befindet. Zurückgelassene Bänder verrotten nach einiger Zeit von alleine.

Gute Bringsel zum Verweisen sind nach wie vor aus Leder.

Gurtriemen und Uwe-Heiß-Halsung Praktische Schweißriemen bestehen heute aus einem speziellen Gurtmaterial, ähnlich wie Autosicherheitsgurte. Sie sind wasserbeständig, leicht zu reinigen und zeigen auch nach zahlreichen Einsätzen kaum Verschleißerscheinungen. Obendrein sind sie durch ihre auffällige Farbe auch im Herbstlaub gut zu finden. Sollte der Hund einmal versehentlich samt dem Gurt zu einer Hatz ansetzen, so kann er sich, falls er dabei irgendwo hängen bleibt, durch einen Lederteil des Gurtes an der Halsung selber leicht frei schneiden. Kurz vor dem Ende des Gurtes ist eine Ledermaus eingesetzt, die eine angenehme Handhaltung ermöglicht. Diese Gurte müssen nicht mehr in umständlicher Weise auf- und abgedockt werden, sondern werden einfach in einer Rolle geführt. Die von dem bekannten Hundetrainer Uwe Heiß entwickelte Schweißhalsung wiederum ermöglicht durch einen modernen Klickverschluss ein rasches Schnallen des Hundes vor einer Hatz.

Zu guter Letzt ...

... möchte ich allen danken, die mir qualitativ hochwertige Informationen für meine Jagdhundeschule geliefert haben. Da ist zum Beispiel der Tierarzt Professor Hans Wunderlich zu nennen, der in seiner menschenfreundlichen und ungemein geradlinigen Art immer wieder auf Gegner zugeht und dadurch zu überzeugen weiß: *„Ein Fehlverhalten kann man nicht wegloben."* Dann ist Diplom-Ingenieur Dieter Klein zu nennen, der allen blinden Teleimpulsgerätegegnern zeigt, dass Strom auch angenehm sein kann: *„Strom ist nicht gleich Strom."* Viel gelernt habe ich auch von Uwe Heiß, einem hervorragenden Praktiker: *„Hundesport ist Denksport und nicht Kraftsport."* Last but not least ist der Verhaltensbiologe Daniel Schwizgebel zu erwähnen, der einen sehr guten Aktivierungsplan ausgearbeitet hat: *„Hunde aktivieren statt hemmen."* Unser Leben ist dynamisch und wir alle haben noch so viel zu lernen, eine schöne Aufgabe. Bitte lassen Sie mich wissen, wenn Sie neue Erfahrungen im Lernverhalten unserer Hunde gemacht haben, denn wir wollen nie aufhören zu lernen. Ebenso stehe ich Ihnen mit meiner Website *www.jagdhundeschule.at* jederzeit gerne mit Rat und Tat zur Verfügung.

Ihr Andreas Gass

Verlag J. Neumann-Neudamm AG
Schwalbenweg 1, 34212 Melsungen
Tel.: 0800 – 228 41 71
info@neumann-neudamm.de